[法]马夏尔·卡洛夫　著
[法]玛丽昂·蒙田　[法]马修·罗特勒　绘
徐景先　刘金宇　译

GUANGXI NORMAL UNIVERSITY PRESS
广西师范大学出版社
·桂林·

QIANQIBAIGUAI DE SHITOU

出版统筹：汤文辉　　责任编辑：戚　浩
品牌总监：李茂军　　助理编辑：纪平平
选题策划：李茂军 戚　浩　　美术编辑：蒙海星 刘淑媛
版权联络：郭晓晨 张立飞　　营销编辑：宋婷婷 李倩雯 赵　迪
责任技编：郭　鹏

Les Pierres qui brûlent, qui brillent, qui bavardent
Author: Martial Caroff
Illustrator: Marion Montaigne, Matthieu Rotteleur

著作权合同登记号桂图登字：20-2021-216 号

图书在版编目（CIP）数据

千奇百怪的石头 /（法）马夏尔・卡洛夫著；（法）玛丽昂・蒙田，（法）马修・罗特勒绘；徐景先，刘金宇译. --桂林：广西师范大学出版社，2022.11
（走进奇妙的大自然）
ISBN 978-7-5598-5413-1

Ⅰ. ①千… Ⅱ. ①马… ②玛… ③马… ④徐… ⑤刘… Ⅲ. ①岩石－少儿读物 Ⅳ. ①P583-49

中国版本图书馆 CIP 数据核字（2022）第 175609 号

广西师范大学出版社出版发行
（广西桂林市五里店路 9 号　邮政编码：541004
网址：http://www.bbtpress.com）
出版人：黄轩庄
全国新华书店经销
北京尚唐印刷包装有限公司印刷
（北京市顺义区马坡镇聚源中路 10 号院 1 号楼 1 层　邮政编码：101399）
开本：889 mm × 1 194 mm　1/16
印张：5　　字数：80 千字
2022 年 11 月第 1 版　　2022 年 11 月第 1 次印刷
定价：49.00 元

前　言

石头是什么呢？是矿物，是岩石？还是两者皆是？如果给石头下个定义，说它们属于坚硬无生命的物体的范畴，那包不包括岩层中蕴藏的石油和天然气呢？为什么在有些石头上能清晰地看出植物或动物的形状呢？石头曾经是有生命的吗？它们是怎样形成的呢？它们的年龄究竟有多大？……

我们身边的自然万物中，石头可谓是再普通不过的了。除了表面熠熠闪光的石头，我们根本不会注意到其他石头的存在。然而事实上，即使是那些外表最暗淡无光的石头，通常也蕴含着丰富的故事。如果你愿意花时间去倾听，你会发现，即使是我们为了平复紧张的情绪而随意投掷的普通小石块，都可能是一位“高谈阔论”或者“学识渊博”的“讲述者”。与地球本身和地球上的生命相比，其实石头能讲述的故事一点儿也不少。

本书介绍了众多形形色色的石头，在这里，不论它们长得丑或美，也不管它们是价值低廉还是昂贵，其身世之谜都将逐一被揭开。在阅读本书时，你可能会遇到一些晦涩难懂的词句，请不要慌张，找个本子把它们记录下来。等你弄清楚后，你会发现，这对理解本书的内容十分有帮助。

本书共包含8个章节，将让你了解到极具吸引力的石头奥秘。从属于阿尔卑斯山脉的石灰岩山到布列塔尼的花岗岩岛屿，从诺曼底高大的白垩峭壁到奥弗涅的玄武岩火山，都是地球上自然遗产的组成部分。

通过研究学习去了解它们，你才会对它们更具敬畏之心。

目　录

火热燃烧的石头

火热燃烧的石头冷却下来，便形成了岩浆岩。岩浆岩在凝固之前呈液态，通过火山喷发到地表形成火山岩，或者侵位到地壳形成侵入岩。火山岩呈玻璃状、有气孔，侵入岩具有颗粒结构。

玄武岩

岩浆以熔岩流的形式从火山中喷出，含有少量挥发气体。刚喷出的熔岩流温度高达1100℃，流动迅速，之后渐渐冷却，流动变缓，最后凝固。熔岩流在地表凝固后，便形成了具有垂直柱状节理的玄武岩。玄武岩一般是灰黑色的，呈斑状结构。

法国奥弗涅大区希亚克的玄武岩岩柱群
年代：距今约160万年

法国穆拉乐—奥尔百什地区含钾长石结晶的玄武岩
年代：距今约250万年

在哪里能找到它们？

我们可以在法国中央高原、科摩罗群岛的马约特岛和太平洋的法属波利尼西亚群岛找到距现在最近的地质时期（第三纪晚期和第四纪早期）熔岩流所形成的玄武岩。在安的列斯群岛和留尼汪岛也可以看到近代形成的玄武岩。在欧洲其他国家也有一些地质时期和近代的火山活动痕迹，它们分布在西班牙大陆及西班牙海外领土加那利群岛、德国、葡萄牙的亚速尔群岛、希腊、意大利和冰岛。

小知识

大部分的海底是由玄武岩构成的。玄武岩构成了巨大的海底火山山系，我们把它们称为洋中脊。在板块运动的作用下，洋中脊一直都在扩张变化。地球上除了形成玄武岩的火山熔岩流外，还有其他类型的火山熔岩流。有些火山熔岩流非常黏稠，不易流动，它们喷出以后就会在火山峰顶原位堆积，形成我们所说的火山穹丘。这类熔岩流形成的岩石如流纹岩相较玄武岩而言含有更多的二氧化硅，颜色也更浅一些。

小故事

1763年，结束了在奥弗涅的旅行之后，法国地质学家尼古拉斯·德马雷斯特首次提出了玄武岩是由火山作用形成的观点，该观点被狄德罗主编的《百科全书》收录。这个观点在水成论和火成论两大学派中掀起了激烈的科学争论：坚持水成论的学者认为水是地球上地质构造和岩石转变的决定因素；而坚持火成论的学者在肯定水的作用的同时，认为地球上地质构造和岩石转变主要是火山作用的结果。

你知道吗？

1973年1月22日，在冰岛的黑迈岛上，埃尔德菲尔火山突然喷发，漫延的熔岩流威胁着港口，当地人采用抽取海水喷洒熔岩流的方法，使熔岩流逐渐冷却凝固，阻止了熔岩流的继续漫延。这项工作持续了三个星期，共抽取海水约600万吨，最终使港口免遭熔岩流的毁坏。黑迈岛的面积因为这次火山喷发增大了。

火山碎屑岩

火山碎屑岩是火山喷发的产物。从火山口喷发出的火山碎屑物，由气体、岩浆和成块的岩石组成，大部分混杂于火山气体中，顺着火山的斜坡向四周扩散，构成火山碎屑流。它们的温度高达200℃，以每小时200千米到650千米的速度滚滚而下。火山碎屑流可以翻滚移动几十千米，最终变成火山碎屑岩。

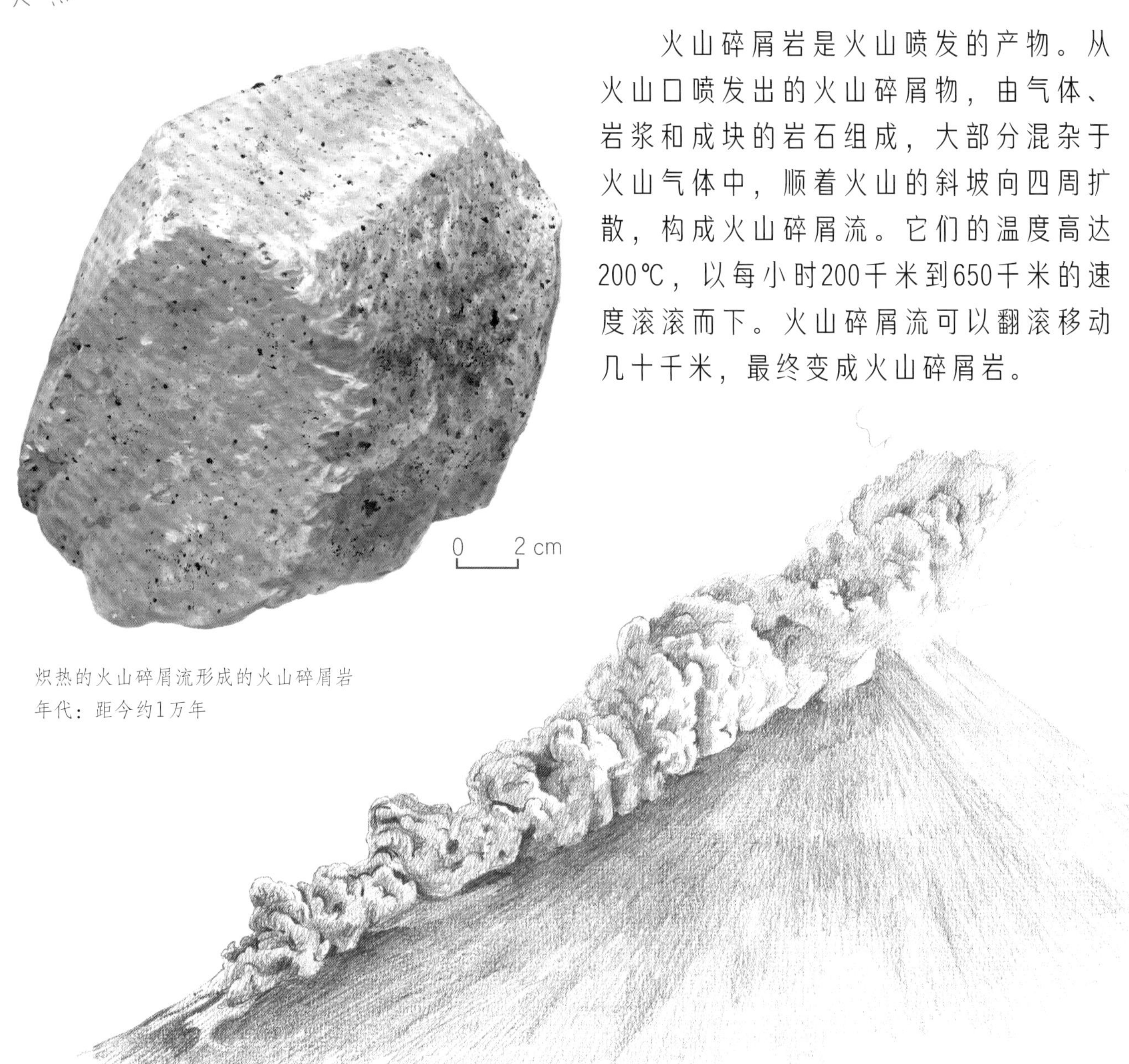

炽热的火山碎屑流形成的火山碎屑岩
年代：距今约1万年

2006年5月，印度尼西亚爪哇岛的默拉皮火山喷发的火山碎屑流

在哪里能找到它们？

火山碎屑岩主要分布在环太平洋火山地震带地区（比如日本、印度尼西亚、菲律宾等国家，安第斯山脉和南北美大陆间的安的列斯群岛）。法国中央高原也有一部分全新世火山碎屑岩。

小知识

火山碎屑流通常从火山口喷发而出，如果火山口被黏稠的岩浆堵塞，大量气体就会聚集在火山口下部的通道，导致压力升高，进而使火山侧翼发生爆炸坍塌。火山碎屑流能够携带大量的物质，从毫米级的火山灰到直径几米的岩块。有些火山碎屑流威力强大，甚至可以逆着火山坡向上漫延。

小故事

经过长时间的休眠后，马提尼克岛的佩莱火山于1902年4月25日突然开始恢复活动。接下来几天，多次火山喷发预警迫使火山附近的村民前往圣·皮埃尔市避难。但没想到的是，5月8日，炽热的火山碎屑流顺着山坡倾泻而下，很快就摧毁了整座城市，导致了大约三万人死亡，仅有三人幸存，其中一人是囚犯，是牢房厚厚的墙壁保护了他。

你知道吗？

在公元前7000年至公元前5500年间，法国中央高原的多姆山链经历了一场激烈的火山活动。在那期间，大量炽热的火山碎屑流彻底改变了当地的自然景观，破坏了当地的植被。但是史前学家研究发现，当时该地区没有人类遇难的痕迹。这么说的话，难道是当时的人们在炽热的火山碎屑流的驱赶下，被迫离开了这片地区？

普林尼式火山喷发的威力

与有些火山直接喷出大量炽热的火山碎屑流不同，普林尼式火山喷发的特点是首先在开放的火山口发生剧烈的爆炸，而后喷出巨量的火山灰。这些火山灰与浮石混杂，形成松树状云团，高度可达2万多米。

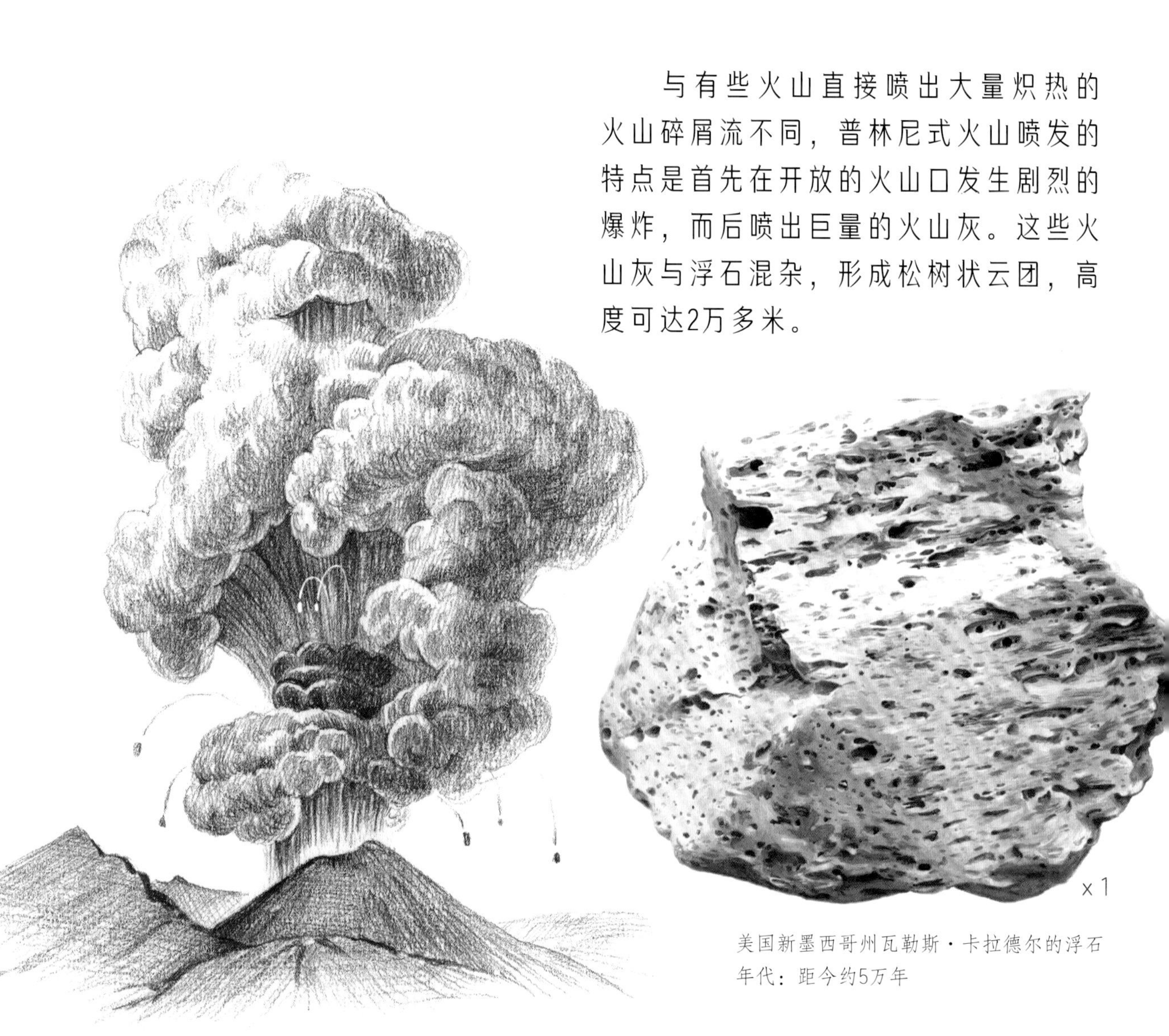

x 1

美国新墨西哥州瓦勒斯·卡拉德尔的浮石
年代：距今约5万年

1779年8月维苏威火山喷发的场景（当时的写生素描图）

在哪里能找到它们？

这种类型的火山活动现象主要发生在大洋地壳俯冲至深部地幔的构造板块的边界，比如环太平洋火山带上的国家和地区（日本、印度尼西亚、菲律宾等国家和安第斯山脉）、安的列斯群岛和意大利的维苏威火山。同一座火山可以具有普林尼式火山的喷发特征，同时也可产生炙热的火山碎屑流。

小知识

普林尼式火山喷发是最猛烈的火山灾难，具有“灰色火山”的特征，这种火山产生的岩浆十分黏稠，无法像“红色火山”的岩浆（比如玄武质岩浆）那样流动。由于岩浆难以流出，所以在地下岩浆上升期间形成的气体，在岩浆喷发的通道里不断积聚，直到引起爆炸。这种火山喷发产生的浮石，因为具有丰富的气孔，可以漂浮在水面上。

小知识

“8月24日，大约下午1时，我的母亲说自己观察到一片看来大小和形状都非同寻常的云彩……”小普林尼（61—114）在给他的朋友塔西佗的一封信中用这段话描述了公元79年维苏威火山喷发时的情况。这场灾难夺走了他的叔叔，博物学家老普林尼的生命，摧毁了庞贝城，因此就有了“普林尼式火山喷发”这一地质学术语。

你知道吗？

1815年，印度尼西亚坦博拉火山喷发，导致数月后全球气温下降。1816年夏天，恶劣的天气迫使诗人拜伦和雪莱，还有雪莱年轻的妻子玛丽待在瑞士山区的木屋里，围着火炉度日。为了打发时间，他们举办了文学创作比赛。只有玛丽一人坚持到最后，完成了这场比赛。她写出了一部杰作：《弗兰肯斯坦》（又名《科学怪人》）！

花岗岩

法国图尔圣克鲁瓦的巨型花岗岩石海

1 2 3 4

石海形成过程示意图（绿色的部分表示花岗岩在水流和风化的作用下逐渐蚀化的部分）

花岗岩是一种含有长石、石英和云母等矿物成分的粗粒岩石。炽热的花岗质岩浆流在距离地面几千米深的地方凝固后，形成了延绵千里的花岗岩层，这些花岗岩也被称为深成岩。数百万年后，由于风化侵蚀的作用，我们可以在地球表面看到这些花岗岩。同时，经过风化侵蚀过程后，大块的花岗岩变成了小岩块，堆积在一起便形成了石海。

伊尔迪特三角湾的花岗岩，含有粉红色长石成分
年代：距今约3亿年

在哪里能找到它们？

我们可以在被称为海西褶皱带的古生代山脉中找到花岗岩。在法国，花岗岩分布在具有结晶岩的孚日山脉、阿摩里卡丘陵、科西嘉岛南部地区、阿尔卑斯山脉的高原地区和比利牛斯山脉的中部地区。需要注意的是，在意大利和巴尔干半岛有年代较新的，也就是第三纪时期的花岗岩。

小知识

所有类型的岩浆都是地幔或地壳部分熔融形成的，它们在地下深部形成的岩浆房中发生一系列物理化学变化后，要么侵位到地壳浅部形成侵入岩，要么喷出到地表形成火山岩。

小故事

在路易·菲利普统治法国期间，伊尔迪特三角湾的布列塔尼花岗岩曾有过辉煌的时刻。1830年，埃及当时的统治者穆罕默德·阿里送给法国一份重量级的礼物：一块造于公元前13世纪卢克索神庙的方尖碑，高23米，重230吨。因为伊尔迪特三角湾的花岗岩与方尖碑的岩石质地相似，而且具有其他岩石无法比拟的坚固性，所以法国人决定用这种花岗岩为方尖碑建一个底座，将它们一起放置在巴黎协和广场上。

你知道吗？

花岗岩是世界上使用最广泛的一种建筑石材。最初，欧洲人用它来做糙石巨柱；罗马人用它来铺路；中国人用它来建造长城的某些部分；秘鲁印加人付出了超乎想象的艰辛，从很远的采石场搬运了成千上万块花岗岩，在海拔约2400米的地方建造了马丘比丘城。

悠闲慵懒的石头

地球表面盆地中的沉积物，如沙子、卵石或贝壳的碎片，经过风、河流、冰川或海洋的搬运，在特殊的物理、化学作用下便形成了沉积岩。它们在地球表面一层叠一层地形成之后，便躺在那里“睡起了大觉”，称得上是悠闲慵懒的石头。

砂岩和泥岩

砂岩是一种沉积岩，是砂粒（主要矿物成分是石英或长石）经过水流的搬运、沉积、胶结和成岩作用形成的。泥岩质地很细，主要由黏土矿物和云母组成。

x 1

法国孚日山的红砂岩
年代：三叠纪

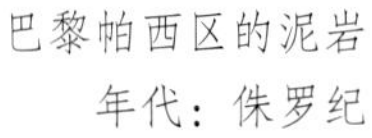

巴黎帕西区的泥岩
年代：侏罗纪

x 1

在哪里能找到它们？

在法国孚日山北部的三叠系非钙质石灰岩沉积序列中，人们发现了特别漂亮的红砂岩。为了与南部由深成岩组成的、具结晶岩质的结晶孚日山地区分开，发现红砂岩的北部地区被称为砂岩孚日山。

小知识

在砂岩结构中，我们可以看到砂粒是连续沉积的，并且以成层的方式呈现出来。砂岩内的砂粒之间有一种天然的胶结物，如果砂粒之间胶结得不够紧密，砂岩就会呈现出疏松多孔状构造，空隙内可以充满液体，变成水或石油的储存库。泥岩是黏土质的淤泥固结而成的，呈细密的薄层状沉积。

小故事

维克多·雨果曾经赞美斯特拉斯堡大教堂是"集巨大与纤细于一身的令人惊异的建筑"。斯特拉斯堡大教堂始建于1015年，直到1439年才竣工。教堂主体一侧的尖塔高142米，曾在很长时间内它都是世界上最高的建筑物。这个壮丽的教堂就是用孚日山的红砂岩建造而成的，红砂岩的颜色让教堂的立面呈现出令人惊奇的粉红色。但是这种砂岩质地不够结实，容易被污染腐蚀。目前系统的修缮工作已经完成，受到风化剥蚀的岩块已经被更换，取而代之的是多种更结实的砂岩。

你知道吗？

在犹太民间传说中，有一种人偶叫石巨人，是由红泥岩做成的。只要在它的额头上刻上一个特定的单词，它就会"活"过来，可以四处走动。把单词抹掉，它就会重新变回人偶。但是要当心，如果没有及时抹掉它额头上的字，它会越长越高，人们根本够不到它的额头，石巨人可能会引发大麻烦！

石灰岩

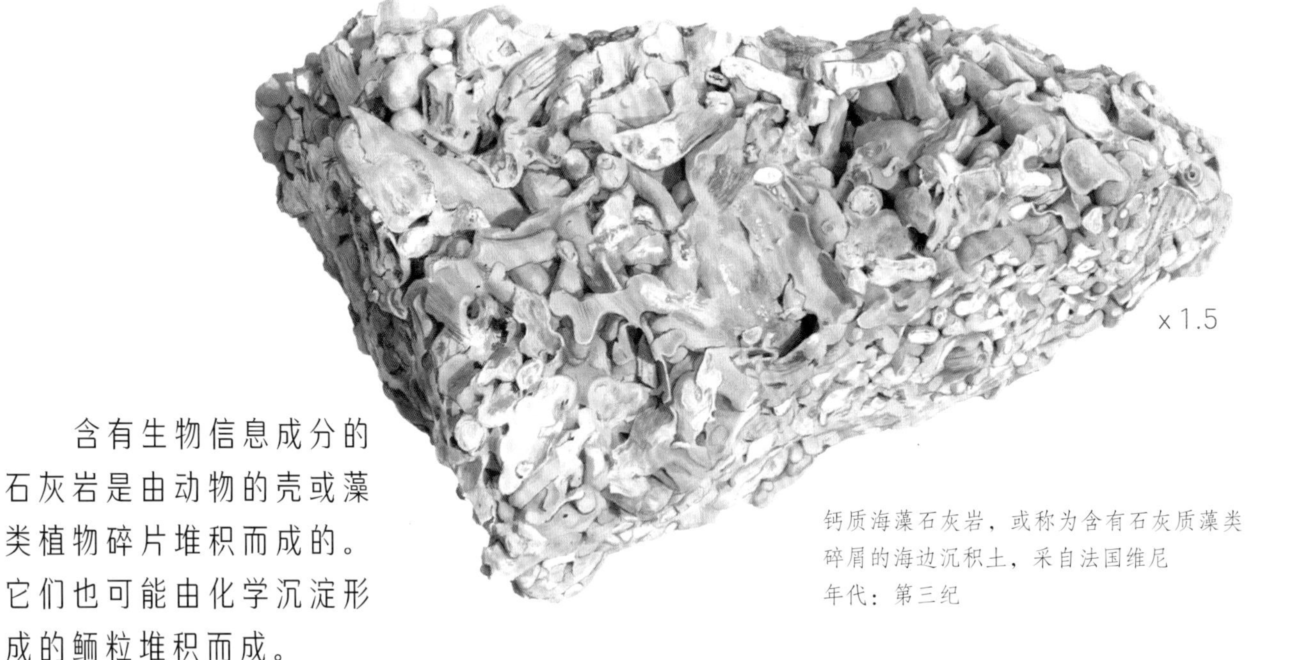
x 1.5

钙质海藻石灰岩，或称为含有石灰质藻类碎屑的海边沉积土，采自法国维尼
年代：第三纪

含有生物信息成分的石灰岩是由动物的壳或藻类植物碎片堆积而成的。它们也可能由化学沉淀形成的鲕粒堆积而成。

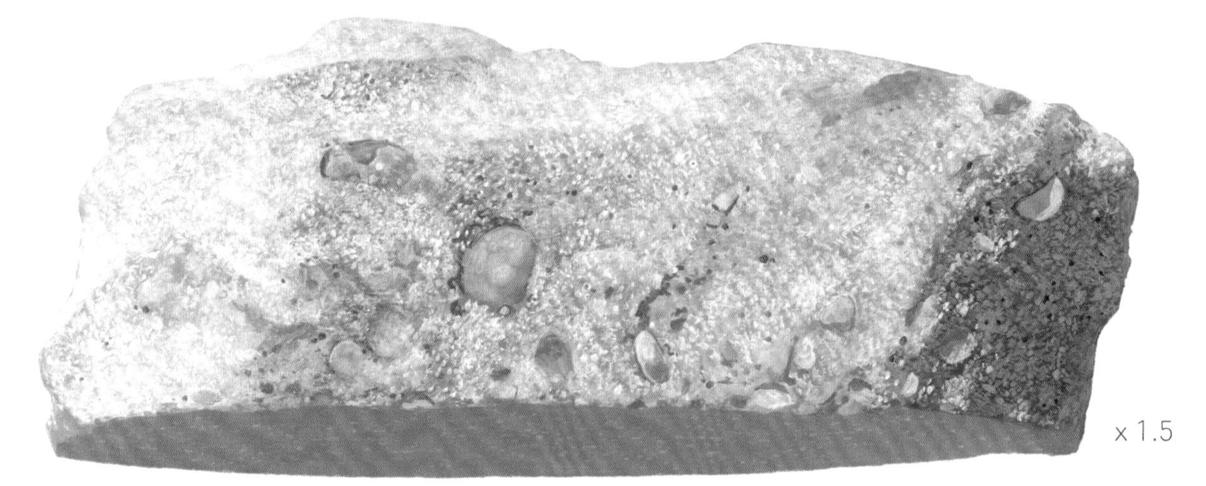
x 1.5

鲕粒石灰岩，采自法国阿尔克昂巴鲁瓦
年代：侏罗纪

在哪里能找到它们？

这种岩石主要产自中生代和第三纪的大型沉积盆地（比如法国的阿基坦和巴黎地区），或形成于新生代的山脉（比如阿尔卑斯山、比利牛斯山脉、汝拉山脉）和科西嘉岛的东北部。上面提到的两个岩石样本就来自巴黎盆地。

小知识

石灰岩是经过风化剥蚀作用形成的沉积产物。当它含有大量的黏土时，就被称为泥灰岩。石灰岩的主要矿物质成分是方解石。方解石经过在水中的化学沉淀，又或是动物壳及其他生物粒子经过沉积作用，就逐渐形成了石灰岩。将石灰岩煅烧加热到900℃以上，会产生一种常用的建筑材料——石灰。

小故事

石灰岩经酸性地表水溶解后会形成岩洞。随后，含有矿物元素的循环水从岩洞的顶部滴下，不断积累沉淀，最终在岩洞顶部形成钟乳石，在岩洞底部形成石笋。早在35 000多年前，史前人类就使用木炭或黑色的锰氧化物，以及被称为赭石的棕红色黏土来装饰自己居住的洞穴。

你知道吗？

在巴黎，包括巴黎圣母院在内的很多古迹都是用粗粒石灰岩建造的，这些岩石是2000年前在巴黎的地下开采出来的。它们富含化石，所以你经常能看到嵌在建筑物墙面上的没有碎裂的贝类化石。在巴黎塞纳河以南，这些地下采石场的廊道互通，连成网络，后来变成了被称为地下墓窟的尸骨埋藏地。

白垩岩

法国埃特勒塔由白垩岩组成的天然拱门和尖状垩岩
年代：白垩纪

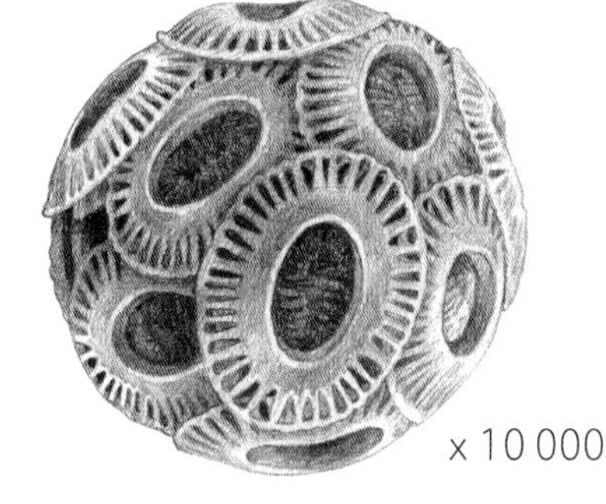

球石藻

法国默东的白垩岩石标本
年代：白垩纪

白垩岩是石灰岩的一种，法国埃特勒塔著名的海边悬崖就是由白垩岩组成的。白垩岩是一种粉状的白色石头，主要由球石藻以小的盾型结构堆积而成。球石藻是微小的球形藻类。

在哪里能找到它们？

白垩岩分布在有白垩系地层的地方。因为白垩岩是白垩纪时期占主导地位的岩石，“白垩纪”这一地质年代术语由此而来。在法国，白垩岩主要分布在巴黎盆地。英国的伦敦盆地和丹麦也有分布。

小知识

白垩岩是在100～300米深的海洋盆地中沉积形成的。白垩岩中的球石粒具有弱胶结性，使岩石具有松散易碎且多孔的特征，因此白垩岩层可以构成优良的地下储水库。在法国北部和比利时部分地区，巨大的白垩含水地层提供了充足的水源。在这种岩石中，经常可发现被称为燧石的硅质肾状矿块。

小故事

“一个不为人知的堡垒，比巴黎圣母院的塔楼还高，作为堡垒基础的花岗岩巨石，比一个公共广场还要宽阔……”法国著名作家莫里斯·勒布朗在他1909年出版的小说《空心岩柱》中曾这样描述埃特勒塔著名的白垩岩山峰，不过在这个描述中，他把石灰岩和花岗岩弄混了。传说白垩岩悬崖的洞穴里保存了历任法国国王的宝藏！另一位法国著名作家莫泊桑将白垩岩山峰和与其相连的白垩岩天然拱门比作一头将长鼻子插入水中的大象。

你知道吗？

粉笔是用白垩岩制成的吗？并不都是。现在学校用的粉笔其实都是用石膏制成的，是的，是熟石膏！但在20世纪的大部分时间里，粉笔都是用自然界的天然白垩岩制成的。不过，不论是用白垩岩制成的粉笔，还是用石膏制成的粉笔，正渐渐从学校消失，取而代之的是一些数字化设备。再见了，粉笔在黑板上写字时的吱吱声！

石膏和石盐岩

x 1.5

形如箭头的石膏，产自法国瓦勒德瓦兹省科尔梅耶-昂帕里西斯

石膏和石盐岩都是蒸发岩。海洋盆地或湖泊中的矿物经过强烈的蒸发作用之后结晶形成的岩石便是蒸发岩。石膏通常具有复杂的几何形状，而石盐岩一般以立方晶体形式存在。

波兰维利奇卡的石盐岩晶体

x 3

在哪里能找到它们？

人们在孚日山和阿尔卑斯山的晚三叠统地层，以及巴黎盆地、莱茵河岸和地中海地区的第三系地层中都发现了大量的石膏和石盐岩。

小知识

石盐岩是在干旱地区的盐湖或沿海潟湖中形成的。海水蒸发了70%的水分后，就形成了石膏，它的主要化学成分是含水硫酸钙。海水蒸发了90%的水分后，里面的矿物结晶形成了石盐岩，它的主要化学成分是氯化钠。地球深处岩层中的古蒸发岩与其周围的岩石相比，质地通常较软，有时它们会像活塞一样穿过周围的岩石向上运动。

小故事

食用盐除可食用外，还可以用来保存食物。它能直接从石盐岩中提取，也可以通过蒸发海水获得。食盐曾经是一种珍贵的物品，它的重要地位在一些语言中也有所体现。法语中“薪水”（salaire）一词便来源于拉丁文“salarium”，准确地说当时叫作军饷，因为在罗马帝国统治时期，军团士兵获得的部分报酬是以盐的形式发放的。直到1945年，法国还有针对盐而征收的特殊税种，叫作盐税。

你知道吗？

把生石膏研磨粉碎，在150℃下煅烧，失去大部分结晶水，它就变成了熟石膏。人类从很久以前就开始使用石膏了，但是把使用石膏发扬光大的是罗马人，他们将其用于粉刷建筑物和制造雕塑。据当时著名的博物学家老普林尼的著作记载，当时的人们会将石膏刷涂在某些水果表面以延长它们的保存期，甚至有时会将石膏放入葡萄酒中使其口感变得更加柔和。

受尽折磨的石头

受尽折磨的石头指的是变质岩，它们是古老的岩浆岩或沉积岩变形和再结晶后形成的。每当山体内部的岩层发生褶皱时，它们就会形成，通常只有在山体外部的岩石经过侵蚀脱落之后，我们才会发现它们。

哎哟！

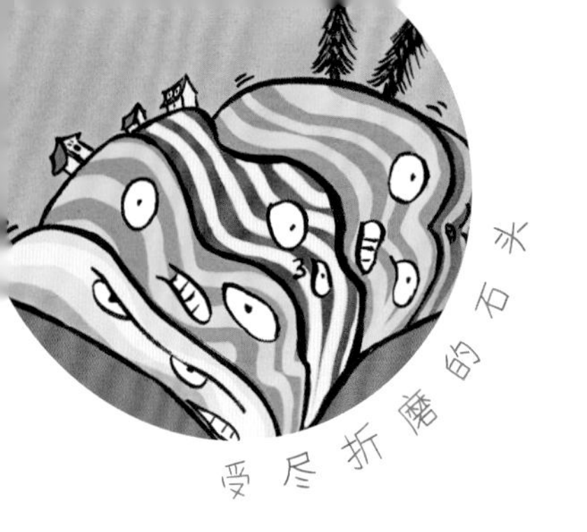

褶皱

地质构造运动能够使水平沉积形成的岩层形成波状弯曲，这叫作褶皱。在法国菲尼斯泰尔省的莫尔莱地区，砂岩和泥岩交错的褶皱就是这么形成的。而格鲁瓦岛上的青灰色片岩的褶皱却是不同的，它们是再结晶的玄武岩在地层深处经过剧烈的挤压而形成的。

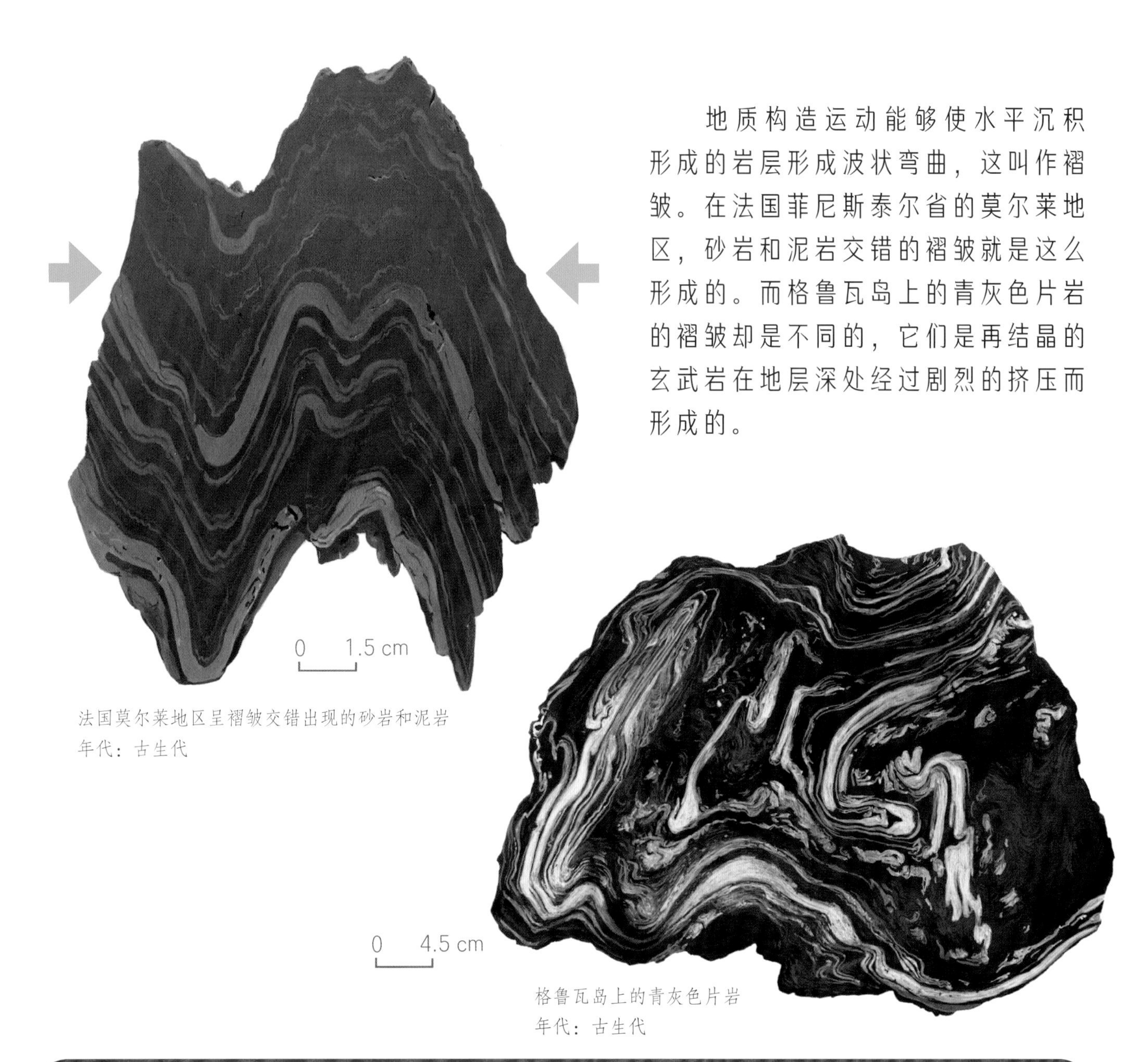

法国莫尔莱地区呈褶皱交错出现的砂岩和泥岩
年代：古生代

格鲁瓦岛上的青灰色片岩
年代：古生代

在哪里能找到它们？

在法国的一些高山区可以找到它们，比如形成于新生代的阿尔卑斯山脉、汝拉山脉、比利牛斯山脉和科西嘉岛的北部山区，还有形成于更古老年代的阿摩里卡丘陵、孚日山脉、中央高原、阿登高原和科西嘉岛的南部山区。

小知识

山区褶皱弧度最大的位置叫作褶皱枢纽，枢纽两侧的翼部地层弧度最小。褶皱的大小差距很大，从几毫米到几十千米。下凹的褶皱构造是向斜，反之，凸起的褶皱构造是背斜。

小故事

著名的瑞士学者奥拉斯-贝内迪克特·德·索绪尔（1740—1799）既是登山运动的先驱，也是一位地质学家，致力于阿尔卑斯山地区的科学研究。他兴趣广泛，发明了原始的太阳能板，并资助蒙戈尔菲耶兄弟研究热气球的工作。在地质学领域，索绪尔早在1774年就发现了沉积岩在受到神秘的“来源不明的地下动荡因素”影响后可能会发生褶皱。

你知道吗？

在汝拉山脉（又称侏罗山脉），褶皱主要发生在侏罗纪的石灰岩层。这里的石灰岩层的褶皱非常有规律，这些褶皱还可以决定地形的起伏。山峰对应着褶皱背斜的转折端，而山谷则是褶皱向斜的中心。当河流沿垂直褶皱的轴线切入时，一开始会在山顶形成凹陷洼地，最终形成峡谷。

片麻岩和云母片岩

片麻岩和云母片岩是典型的变质岩。片麻岩中，颜色深浅不同的矿物呈条带状交替排列。片麻岩所含的主要矿物是长石、石英和云母。云母片岩则是富含云母和石英的片状岩石。

片麻岩，产自英国根西岛伊卡特角
年代：距今约20亿年

这是石榴石的内部纹理，它记录了矿石形成过程中发生的旋转

含有石榴石的云母片岩，产自法国孔盖
年代：距今约3.5亿年

在哪里能找到它们？

片麻岩和云母片岩主要分布在海西褶皱带。在法国，这些岩石出现在阿摩里卡丘陵、中央高原、有结晶岩的孚日山地区、科西嘉岛南部地区、阿尔卑斯山脉的晶体岩山区和比利牛斯山脉的中部地区。这些岩石也出现于西班牙和葡萄牙交界的伊比利亚高原、意大利的撒丁岛、捷克的波西米亚高原、德国的哈茨山和黑林山。第三纪的片麻岩见于希腊的基克拉泽斯地区。

小知识

云母片岩和某些片麻岩由沉积岩转变而来，其他片麻岩则是由花岗岩转变而来的。花岗岩是深层地壳岩石发生高温熔融后凝固而成的。在由花岗岩构成的山体发生褶皱时，有些花岗岩被深埋在地下深处，随着温度升高、压力增大而变质形成了片麻岩。

小故事

古埃及有一件杰出的艺术品，就是按实际比例制作的法老齐弗林雕像，齐弗林在4500多年前曾经统治过埃及。这尊雕像于1860年在埃及的吉萨被发现，现在陈列在埃及的开罗博物馆。它是用一大块特别坚硬、带一点蓝色光泽的暗色片麻岩雕琢而成的。它那精雕细刻的脸庞上方是眼镜蛇头饰，古埃及的鹰神荷鲁斯用张开的翅膀保护着国王的颈项。

你知道吗?

变质岩是原岩在改变了自身的矿物结构后形成的。与通过岩浆冷却结晶形成的岩石不同，它们在固态介质中形成。比如法国孔盖地区的云母片岩中的石榴石，岩石在形成的过程中受到压力，内部发生旋转，呈现出“S”形结构。

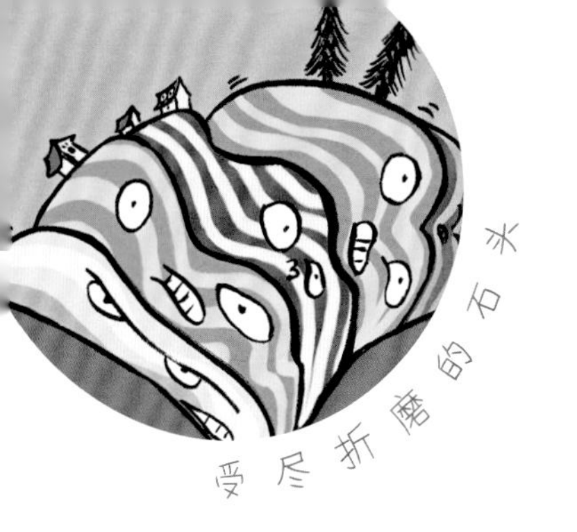

片岩和板岩

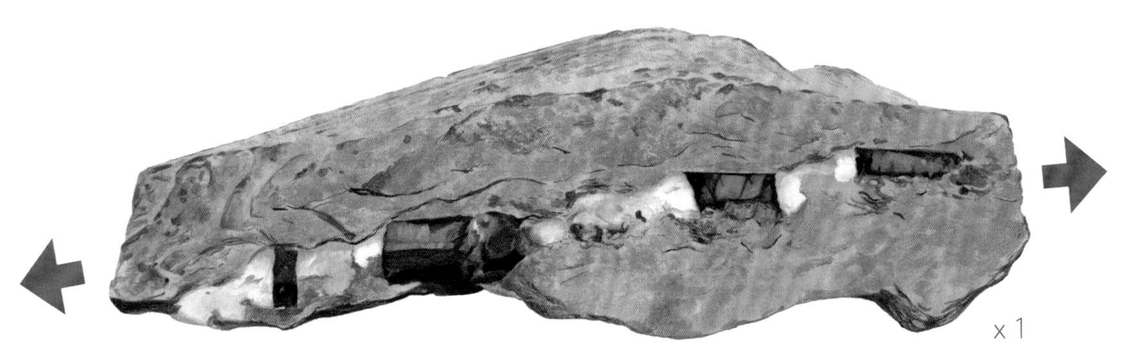

泥灰质片岩里，由地质作用形成的岩石拉伸而碎裂的箭石鞘，产自法国德龙省
年代：白垩纪

片岩和板岩都是变质泥岩，片岩比板岩变质程度更高。片岩的各层呈平行状，其中含有生物化石，化石通常会被压扁变形。板岩切开后会露出古老的沉积岩层。

板岩上留下的远古时期沉积层的痕迹
年代：古生代

0　2.5 cm

在哪里能找到它们？

通常在海西褶皱带中，特别是在阿登高原能够找到这些板岩和泥灰质片岩。在中生代褶皱构造的陆相地层，片岩通常是泥灰质的，地质学家推测它们由泥质石灰岩变质而来。

小知识

地质时期的箭石是一种与现生章鱼相似的头足纲软体动物。它们与恐龙、菊石一样，在白垩纪末至第三纪初就灭绝了。箭石的化石非常常见，鞘形状的它如同子弹，结构功能相当于乌贼骨的内壳。据我们所知，动物形体中柔软的部分能形成化石的情况是非常少见的，箭石鞘化石也就成了地层构造变形的标志性化石。

小故事

1558年，法国著名诗人若阿尚·杜·贝莱写过一首十四行诗，表达自己对留在意大利的日子感到失望，诗中写道："我爱祖祖辈辈经营已久的草房，不爱罗马的宫殿徒有富丽的厅堂，不爱大理石坚硬，只爱石板瓦精细。"他想通过对比两种具有象征意义的石头来赞美他深爱的法国安茹地区——一种是罗马历史古迹中的大理岩，另一种是法国安茹地区用来铺盖屋顶的板岩。自12世纪以来，在出产板岩的地区，这种板岩就已经被用来铺盖建筑物的屋顶了。

你知道吗？

美国古生物学家查尔斯·杜利特尔·沃尔科特于1909年在加拿大不列颠哥伦比亚省的伯吉斯地区有点变形的页岩中发现了令人惊异的化石层。

特殊的自然条件让这里保存了大约5.1亿年前的软体动物遗骸，那是生物种类繁多、爆炸式进化的地质年代。其中最令人惊叹的动物之一是欧巴宾海蝎，这个会游泳的小家伙长着5只眼睛，分别长在从头上长出的五个"花柄"的末端。头部下方有一个如象鼻子一样的长长的嘴巴，嘴巴的顶端长着一个像钳子一样的"小爪子"。遗憾的是它已经灭绝了。

大理岩

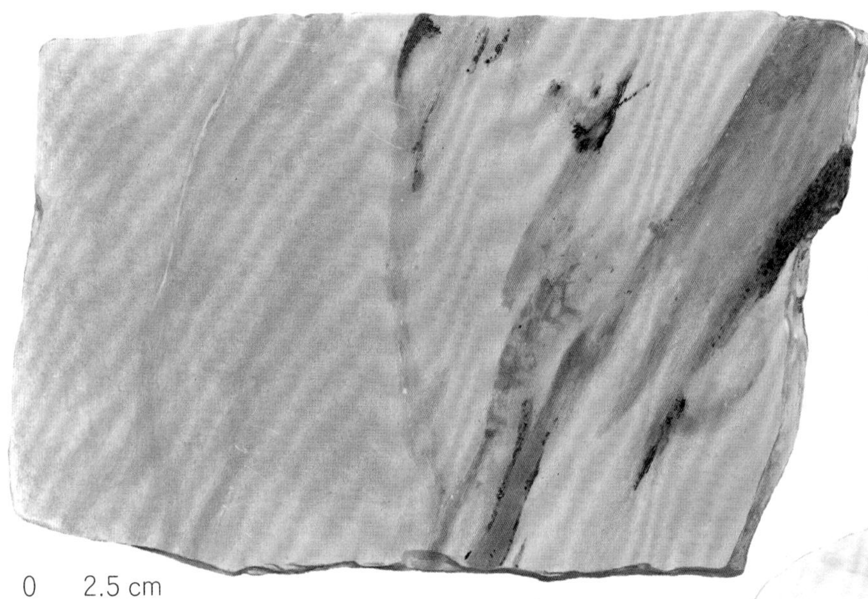
葡萄牙的粉红色大理岩
年代：古生代

0 2.5 cm

大理岩是变质的石灰岩。石灰岩在高温下会重新结晶，质地变得坚硬，通常会具有色泽和纹理，这些特质使得它们成为非常受欢迎的建筑装饰材料。大理岩矿物质地均匀，这个特性让它们不像片岩那样可以沿平行的平面切开，而是可以完美地适应雕刻家的刻凿。

意大利卡拉拉的大理岩
年代：侏罗纪

0 1.5 cm

在哪里能找到它们？

在法国的阿尔卑斯山和比利牛斯山、葡萄牙、希腊都可以找到大理岩。葡萄牙是世界上主要的大理岩生产国之一。在希腊基克拉泽斯岛的地层中，大理岩经常与片麻岩共生在一起。

小知识

大理岩俗称大理石，人们经常误以为所有建筑装饰性石材都叫大理石，比如漂亮的片麻岩、具纹理的花岗岩或坚硬的石灰岩。真正的大理岩有许多独有的特征，比如纯白大理岩有近似于白糖的洁白质地、千变万化的纹理，不含化石等等。

小故事

大理岩的分布很广，开采和使用的历史悠久。首先是在希腊，在雅典以北的潘德里克山、帕罗斯岛和萨索斯岛都盛产大理岩；然后是在意大利，著名的卡拉拉也是大理岩之乡，它位于托斯卡纳地区，在恺撒（公元前102年或公元前100—公元前44）生活的时期，古罗马的人们就开始使用大理岩作为建筑材料了。

你知道吗？

1818年，富尼埃和诺尔曼发明了一种保存肉类的方法。先将肉放入坛子中，通过管子把坛子与装有大理岩碎片和盐酸的瓶子连接起来。瓶子内发生化学反应产生的二氧化碳，源源不断地通过管子进入坛子，迫使空气从坛子的排气孔中排出，这样可以防止肉类腐烂变质。用发明者的话说就是：“用这种方法保存的肉味道鲜美，入口即化。”有人想尝一尝吗？

会“拍照”的石头

现在，我们要给大家介绍几种曾对地球历史上的某个瞬间“拍照”的石头。它们保存下来的瞬间，或许几百万年、几千万年后才会揭开其神秘的面纱。这些石头里面有着丰富的细节，有时可能记录的是一个仅仅发生了几秒钟的地球历史事件，简直不可思议！

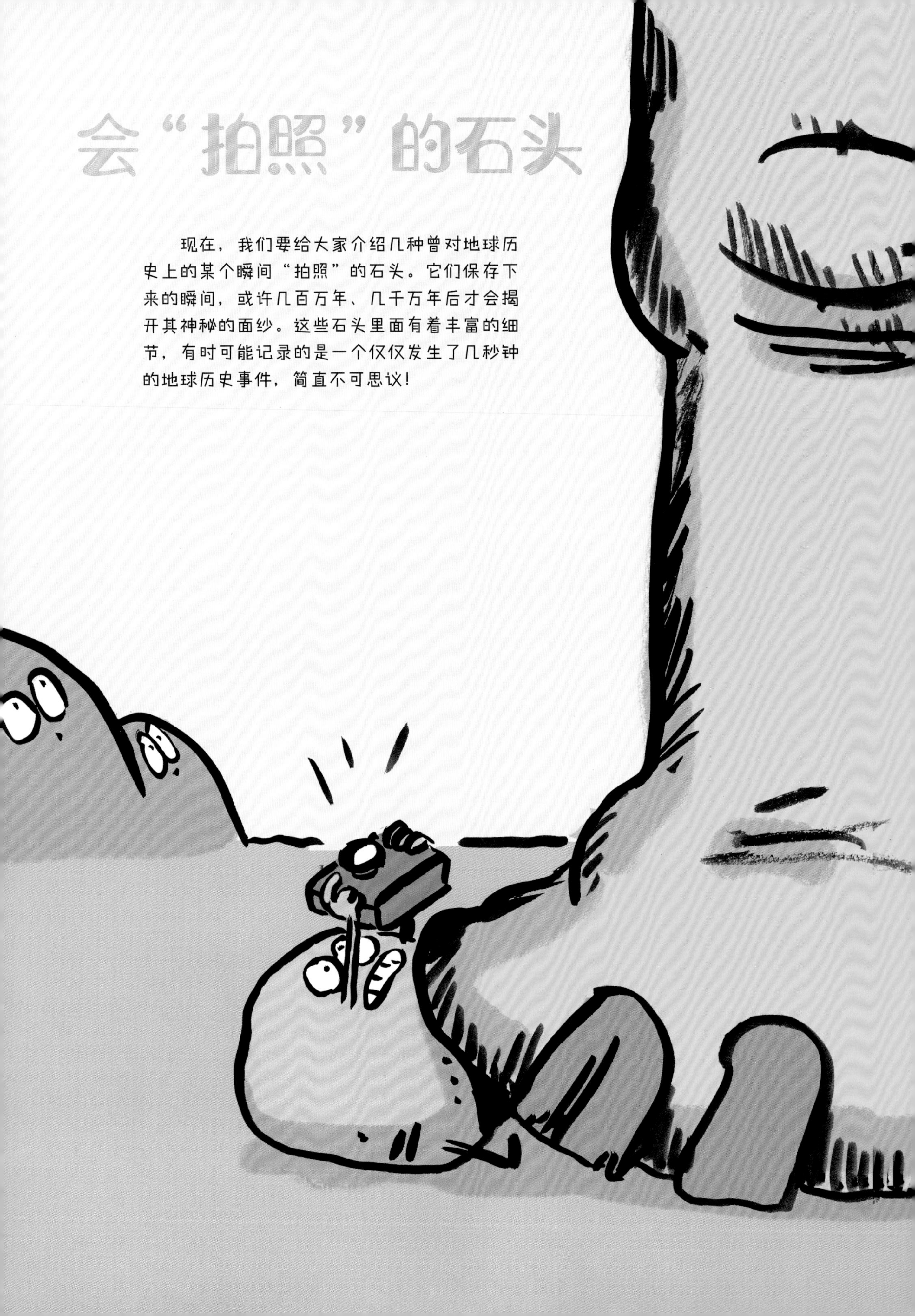

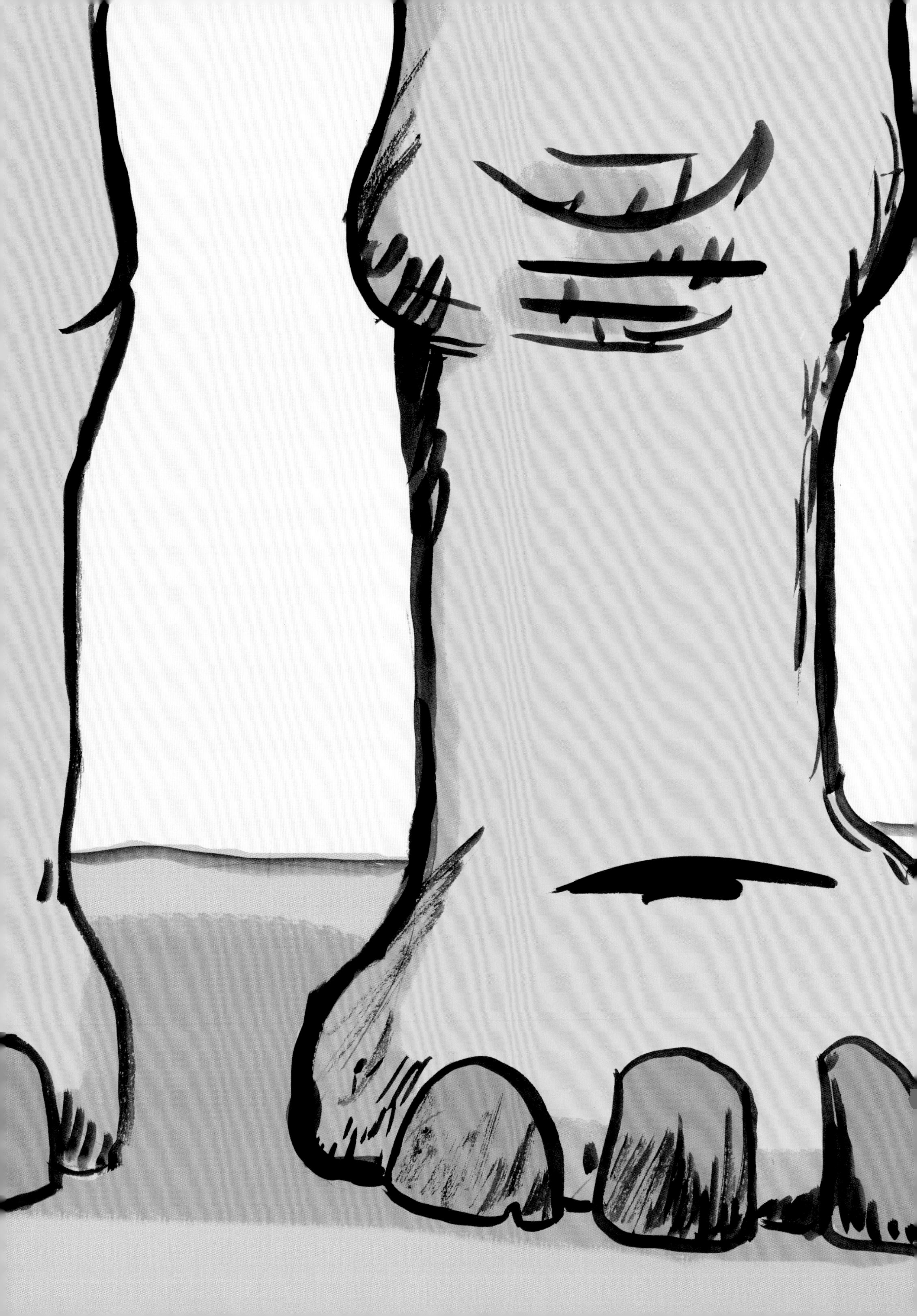

动物化石

动物死后，它们的尸体会迅速被颗粒细小的沉积物覆盖，久而久之就会形成常见的动物化石。有时，这些动物化石可以把动物尸体保存得非常完整，比如保存在树脂形成的琥珀里的动物，连颜色都清晰可见。

0 3 cm

处于生长状态的海百合（与海胆、海星同属一个家族）

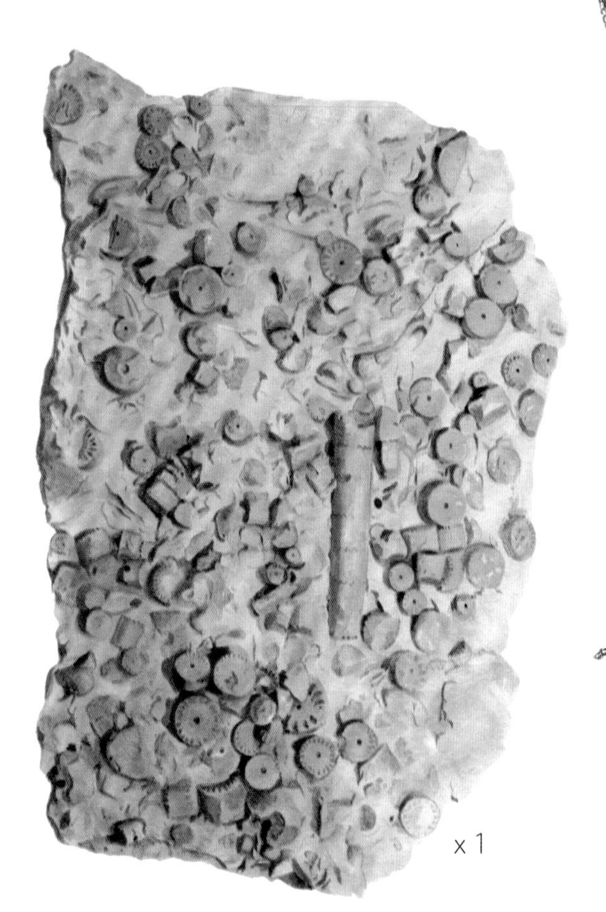

法国莱茵省萨韦尔纳石灰岩中的海百合化石碎块
年代：三叠纪

保存在琥珀中的东非胡蜂
年代：距今约1200万年

在哪里能找到它们？

所有形成时间少于5.42亿年的沉积岩都可能含有动物化石。其实在5.4亿年之前，地球上就已经存在生命了，但那时的生物是没有甲壳的，因此，有些生物能被保存下来成为化石是件非同寻常的事情。波罗的海的黄琥珀里富含昆虫化石，自古以来就广为人知。

小知识

动物身体中的柔软部位埋在泥土或沙子中会腐烂降解，贝壳类生物更容易在那些变成岩石的沉积物中留下它们的印记。地质构造运动使地层隆起抬升，岩石表面经过风化后就会露出古老的生物化石。一个地质年代有其标志性的动物种类，比如海洋节肢动物三叶虫，大部分在古生代晚期就消失了，到了第三纪时期就完全灭绝了。

小故事

早在史前，人类就已认识到化石的存在了，在法国勃艮第的一个洞穴中发现的一些化石，据说是旧石器时代的尼安德特人收集的。“化石”这个词来自拉丁语“fossilis”一词，意思是“从土里挖掘出来的东西”。希腊人很早就对化石的真实属性有所了解，而西欧人长期以来一直认为这只是大自然玩的一个小把戏，或者仅仅是传说中诺亚大洪水导致的后果。

你知道吗？

白垩纪晚期，加拿大萨斯喀彻温省生活着一只霸王龙。1994年，它完整的骨骼化石被发现，人们把它命名为斯科蒂。第二年，人们又发现它的粪便化石，长约50厘米。通过对粪便化石的研究，人们更好地了解到这种恐龙的饮食习性。在发现粪便化石的地方，人们也发现了一些其他动物的骨骼碎片化石。这些证据表明，霸王龙并不像现代肉食性爬行动物那样吞噬整个猎物。

遗迹化石

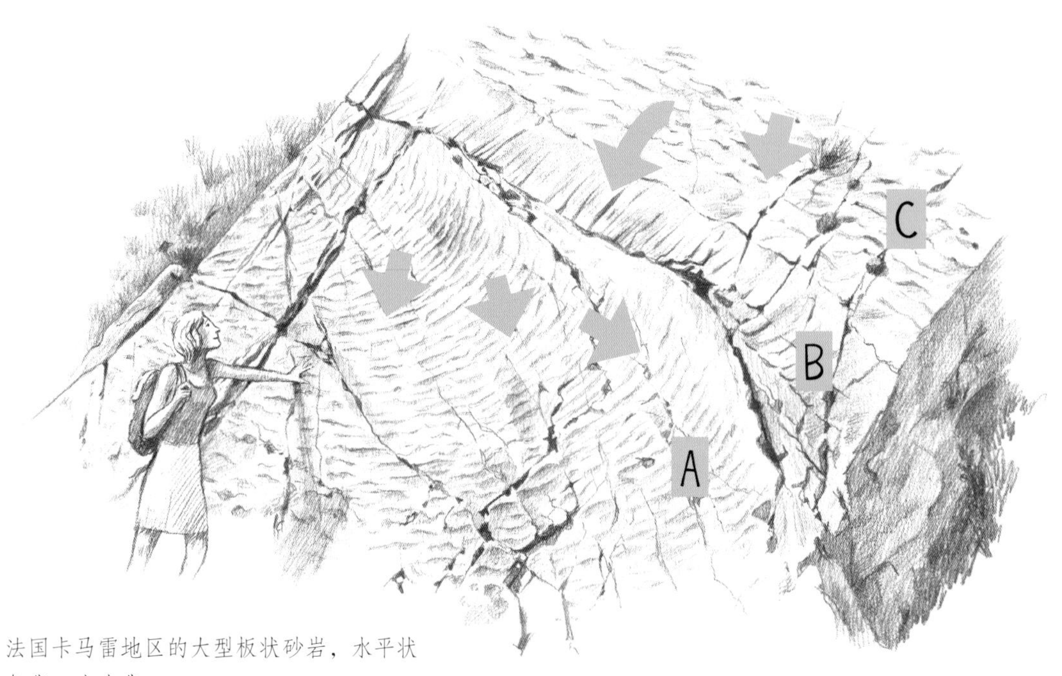

法国卡马雷地区的大型板状砂岩，水平状
年代：古生代

海滩上的波浪和流水的波痕随处可见，但是形成于4.7亿年前的波痕就非常少见了！虽然如此，奇迹还是能够出现的——在法国卡马雷地区发现的一大块板状砂岩上面可以看到波痕。在法国马尔尚的塞林采石场，发现了一块板状的石灰岩，上面显示出当时大雨落在泥土上的痕迹，现在这些泥土已经石化成了岩石。

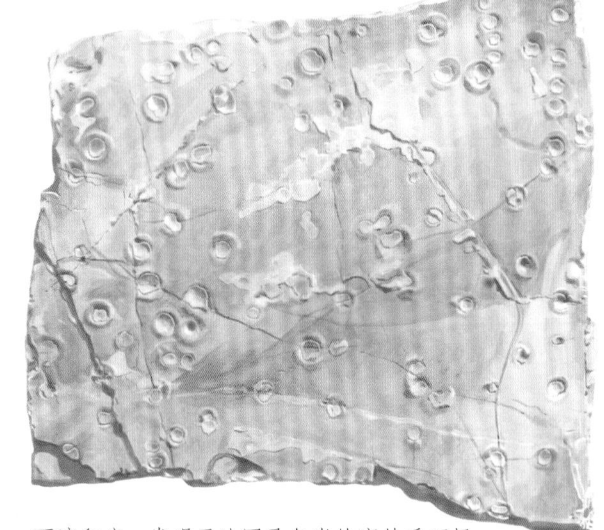

雨滴印痕，发现于法国马尔尚的塞林采石场
年代：侏罗纪

0 4 cm

在哪里能找到它们？

在那些形成年代很久远的沉积岩中，我们能找到它们。

小知识

雨滴和水流在泥土上留下的痕迹，动物在泥土上行动留下的印迹，如果想把这些转瞬即逝的痕迹保存下来，就需要非常特殊的条件——沉积环境必须非常平静。在沿海环境中，微型藻类在沉积物表面形成一层结实的覆盖层，这能够阻止沉积物结构变形，直到沉积作用迅速再次进行，那些转瞬即逝的痕迹便被保留下来。

小故事

古生物学发展的历史上满是各类神秘莫测的痕迹，有些可能是各类生物活动留下的，有些可能是一系列物理化学作用形成的。比如科学家曾认为1996年在火星陨石中观察到的棒状物是细菌化石。较新的例子是在2009年，科学家在非洲加蓬发现了20多亿年前的几厘米大小的薄片状结构，它很可能来源于生物，可能是一些古老的多细胞动物化石。

你知道吗?

在法国卡马雷地区发现的那块有波纹构造的板状岩石，虽然表现有三处明显不同的环境特征（见第44页化石上的A、B、C标签），却是在同一时期形成的，它完美呈现出当时在潮汐作用下的浅海海底。第一处（A）的水流波纹呈扇形；第二处（B）的位置非常倾斜，记录了水流流动形成的沟槽；最后一处（C）位于顶部凸起处，展示了水流在斜坡上流动的波纹。这块板状岩石上还能看到许多善于挖掘的动物的巢穴化石。

化石森林

整片森林被保存下来形成化石，那才是最为壮观的。树木被掩埋后，其体内的有机物质逐渐被二氧化硅取代，在这个过程中，植物完整的形状和内部结构得以保存下来。希腊的莱斯博斯岛（或称莱斯沃斯岛）上的石化森林是世界上最重要的森林化石群之一。

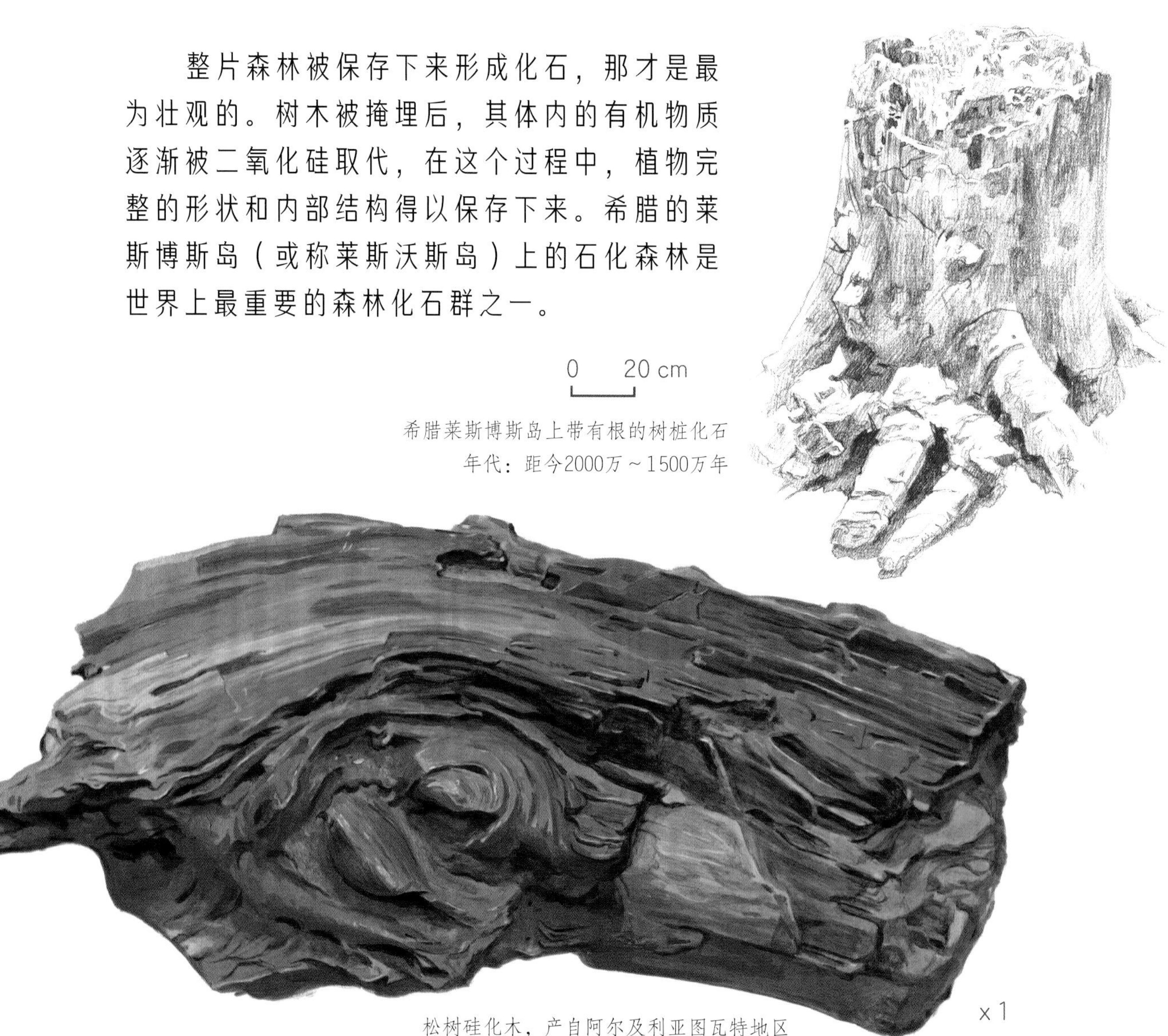

希腊莱斯博斯岛上带有根的树桩化石
年代：距今2000万～1500万年

松树硅化木，产自阿尔及利亚图瓦特地区
年代：白垩纪

在哪里能找到它们？

世界上最著名的两个化石森林所在地，一个是希腊的莱斯博斯岛，这里也是欧洲排名第一的地质旅游景点；另一个是美国亚利桑那州的国家化石森林公园，这里的化石森林都是由三叠纪时期的植物形成的。其他地方也有化石森林，比如马达加斯加的化石森林、阿尔及利亚撒哈拉沙漠中的艾因萨拉赫化石森林和纳米比亚的达马拉兰化石森林等。在法国巴黎盆地和奥弗涅只有很少的地层中含有硅化木。

小知识

森林被硅化的前提条件是被掩埋，比如希腊莱斯博斯岛上喷发的火山岩浆埋藏了森林，美国亚利桑那州的泥沙埋藏了森林。森林里的植物被埋藏后便与空气隔绝了，叶片和小枝条逐渐降解消失，余下树干中的有机物逐渐被地下沉积物中的二氧化硅取代，形成化石。其中像树皮、树干内的维管、树干上的结和茎干内的年轮，这些最细小的结构都会被完美地保存下来。

小故事

1756年，在法国伯夫里镇的一个小村庄，有两个科学发现震惊了世界。先是《阿尔图瓦年鉴》报道了在该地区的泥炭层中挖掘出很多整棵的树，这些树干燥之后还可以燃烧。同一年，在当地的山丘上又挖出一大段硅化木化石。那一年，人们在伯夫里发现了一棵又一棵正在炭化的树，接着又发现了一棵变成了石头的树，当地居民对此很是困惑不解。

你知道吗？

现在有一些木材产品，被人们根据自然界中树木硅化原理进行了处理。这样处理能将木材里的霉菌等真菌矿化，使木材更具耐火性。此外，一旦树木表层细胞被矿化处理，将不会被昆虫认出来，于是昆虫在树木上只管行走通过，而不会对树木进行蛀蚀。这种工艺还可以用来加固被虫子蛀蚀的木板。怎么样，大家要不要用这种经过矿化处理的木材在花园里盖座小屋呢？

拥有能量的“石头”

拥有能量的“石头”并不算是真正意义上的石头，而是经天然作用后的固态、液态甚至气态物质。它们可以作为机器的燃料。随着不断地被开采，它们变得越来越稀有和昂贵，它们的匮乏甚至会导致经济危机。争取对它们的掌控权有时候还会引起地区冲突。虽然因为它们具有污染性和危险性，我们总是批判它们，但我们的生活确实离不开它们……

石油、沥青和天然气

石油的主要成分是碳氢化合物，一般呈液态。而沥青是液态或半固态物质。石油通常储存在产生石油的岩层（母岩）中，或是在多孔岩石（石油储层）中流动，随着时间变化逐渐上升到表面的不渗水层。在合适的条件下，一些富含有机质的黑色页岩可能会变成产生石油的母岩。

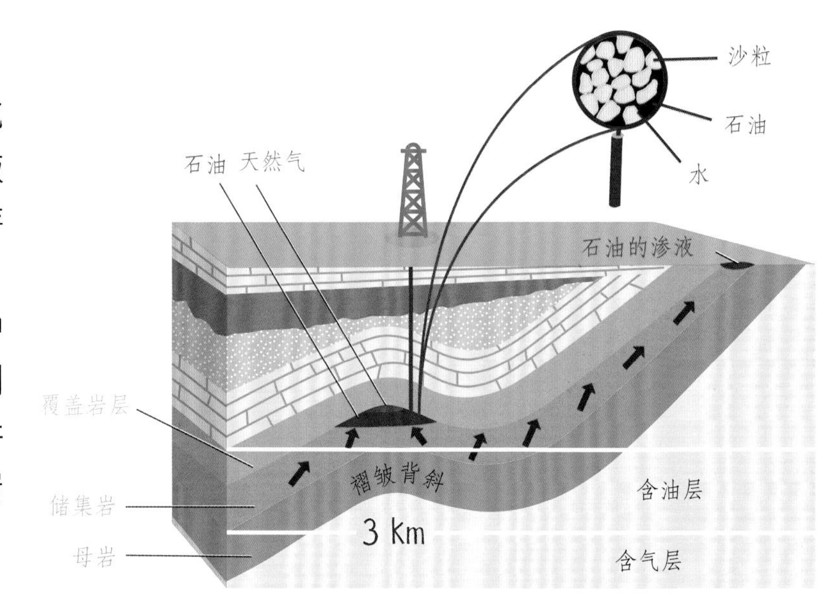

法国卡马雷地区含有笔石的黑色页岩
年代：古生代

在哪里能找到它们？

石油储存在地下多孔沉积岩储层中，也储存在砂岩或石灰岩颗粒之间的孔隙中。石油的主要生产国包括俄罗斯、沙特阿拉伯和美国等。在天然气方面，俄罗斯、伊朗和卡塔尔这三个国家的储量占世界总储量的一半以上。

◀ 小知识

石油是埋藏于地下的以动植物遗体为主的有机物转化而来的。埋藏在地底的动植物遗体在细菌的帮助下降解。随着地下压力和温度的升高，地下生物的埋藏转化过程持续进行。有机物转化的天然气形成于更深的地层，不过随着后期的地质迁移，它们慢慢到了石油层的上面。

小故事 ▶

希腊人在美索不达米亚旅行的时候发现了沥青。罗马人称沥青为“bitume”，将沥青用作墙体的胶结充填物。希罗多德（约公元前484—约公元前420）对美索不达米亚墙体的构造进行了调查研究，他指出，这种墙体的内部是由砖块与芦苇层交替排列组成的，人们将热沥青当作砂浆浇筑在芦苇层上，以使墙体结实牢固。

你知道吗？

页岩油和页岩气以分散的形式存在于孔隙度较小的母岩中。对它们的开采一直备受争议，因为相比传统的石油开采，这种开采所造成的环境污染更为严重。比如页岩气的开采，需要在高压条件下将大量的水和化学物质注入地层中，如果操作不当或未进行环保处理，会造成污染。

煤

与石油不同，煤并不是碳和氢的烃类化合物，而是由碳、氧、氢等元素组成的，含有丰富的碳元素成分。煤是由埋藏在地下的陆生植物经过一系列物理、化学反应转化而成的。泥炭是煤化程度最低的炭状物质，与其相反，无烟煤的煤化程度最高，含碳量最高。

x 1.5

现在的泥炭

x 1

法国布拉萨克地区的无烟煤
年代：石炭纪

在哪里能找到它们？

世界主要的煤炭（包括硬煤和无烟煤）生产国有中国、美国、印度、澳大利亚和南非等。法国的煤炭主要储存在北加来海峡地区（这里有世界著名的英法海底隧道）、洛林省和中央高原。

小知识

植物被突然埋藏后，与空气隔绝。随着地下温度的升高，被埋藏的植物释放出氧气、氢气和氮气，在地底环境因素和丰富的碳元素的共同作用下，就形成了泥炭（几乎没有煤化的植物材料）、褐煤（一定程度煤化，仍可识别的植物材料）、煤炭（黑色，无光泽，触摸后会弄脏手）和无烟煤（黑色，有光泽，触摸不会弄脏手）。

小故事

有一种方法，可以将煤炭液化替代汽油作为碳氢燃料。第二次世界大战期间，德国用这个方法大规模制造燃料，以抵抗盟军对石油供应的封锁。甚至有一段时期，德国空军几乎所有的飞机都要去鲁尔地区加由煤炭转化成的合成燃料。20世纪60年代起，南非因实行种族隔离制度受到国际制裁。由于石油禁运，南非也不得不采用这种方法来制作替代汽油的燃料。

你知道吗？

大部分的煤炭资源产生于古生代的石炭纪（约3.59亿年前至2.99亿年前），那个时候地球上出现了大型蕨类植物和木贼类植物，还有大型松柏类植物。当时的细菌和真菌还不足以分解如此大量堆积的植物。于是，这些植物变为大量的碳元素，埋藏在地下储存下来，大气中的氧气浓度增加，促使了大型昆虫的出现。

铀矿

天然放射现象是自然界中的一种物理现象，在放射过程中，原子核以发射射线的形式传递能量。铀是一种天然放射性化学元素，在中子轰击的作用下，铀的同位素会发生核裂变，并在这个过程中释放出巨大的能量。在自然界中，二氧化铀以固态晶质铀矿的形式存在，这种结晶体被称为沥青铀矿。

法国盖尔地区的沥青铀矿

x 1

x 2.5

挪威奥斯福的沥青铀矿

在哪里能找到它们？

铀矿多产于花岗岩产地。铀矿的主要出产国有加拿大、澳大利亚和哈萨克斯坦等。法国的主要铀矿产地是中央高原、阿摩里卡丘陵和孚日山。

小知识

在地幔中，铀、钍和钾发生的裂变能够在地球内部产生大量的热能，这导致地壳内部深度每下降100米，平均温度就会升高3℃。地球内部的能量会通过板块构造运动和火山作用消耗掉，这些地质活动使气体从地幔中逸出，从而形成地球的大气层。

小故事

法国物理学家亨利·贝克勒尔于1896年偶然发现了物质的天然放射性，当时他在一张相片底片上留下了一小块沥青铀矿，由于冲错了底片，他吃惊地发现底片上留有印迹。1903年，他与居里夫妇一起获得了诺贝尔物理学奖。皮埃尔·居里和玛丽·居里这对著名的科学家夫妇从沥青铀矿中提取出了两种新的化学元素：一种是钋，另一种是镭。他们的工作环境很艰苦，据德国化学家奥斯特瓦尔德描述，当时居里夫妇工作的实验室“既像马厩，又像储存土豆的仓库”。

你知道吗？

放射性是非常危险的，但它也能治疗疾病，放射疗法常用于治疗癌症。在1920至1930年间，人们认为放射性元素是有益无害的。科学家也建议发展放射性疗法。曾有人佩戴含镭的护身符，使用含镭的化妆品或使用含钍的牙膏，这些行为导致了许多人的死亡。

闪闪发光的石头

闪闪发光的石头指的是那些被人们称为宝石或半宝石的石头。它们价格很高，但是它们的成分通常是矿物家族中最普通的。它们外表漂亮、惹人喜爱，有时也会被人们做成装饰品，镶在昂贵的晚礼服上。

金刚石

x 12

双锥体金刚石

金刚石具有最简单的化学式：C（碳）！金刚石的实质是在地球深处高压条件下形成的纯碳质晶体。天然金刚石有许多种形状：双锥体、立方体或双晶体等。由金刚石加工而成的贵重宝石称为钻石。

产自刚果民主共和国加丹加的双晶体金刚石

x 24

在哪里能找到它们？

直到16世纪，印度和婆罗洲都是世界上仅有的两个出产金刚石的地区，之后人们先后在巴西发现了金刚石矿层，在南非发现了金刚石矿。现在世界上大部分的金刚石产自俄罗斯、博茨瓦纳、澳大利亚和刚果民主共和国这四个国家。

小知识

金刚石是在前寒武纪厚层大陆壳下的地幔中形成的。在厚重的大陆板块挤压下，它们产生于金伯利岩中。金伯利岩是一种在特殊的火山作用下形成的岩石。金伯利岩随着地表浅层的火山喷发被带出到地面，钻石就来自这种岩石。

小故事

库利南钻石是于1905年在南非的普列米尔矿山发现的，它是人类有史以来发现的最大的天然钻石，净重达621克（约合3 106克拉），长10厘米，宽6.5厘米。库利南钻石被切割加工成多块钻石，其中最大的一块重530.2克拉，被镶嵌在英国国王的权杖上，三颗次大的钻石分别被镶嵌在英国国王和王后的皇冠上。

你知道吗？

金刚石是地球上硬度最高的矿物，它可以划伤地球上除它自己之外的一切物质（抛光钻石要用钻石的粉末）。要想将一大块天然钻石切成两半，我们常常要花费很大的力气，需要用大铁锤猛烈敲击切割钻石的刀才行，但一定要小心，一旦敲击的位置不对，钻石很有可能就会碎成成千上万块，这可是会损失绝大部分价值的啊。

蓝宝石和红宝石

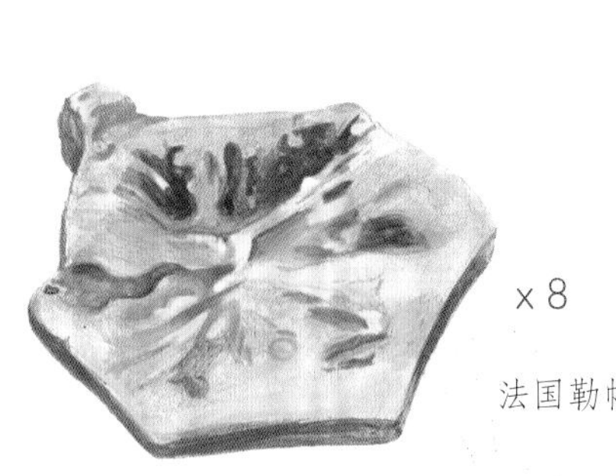
x 8

法国勒帕莱的蓝宝石

蓝宝石和红宝石是一对“表姐妹”，它们是刚玉这种矿物的两个品种。刚玉是一种由氧化铝结晶形成的宝石，质地特别坚硬，硬度仅次于金刚石。这两种宝石的区别在于颜色不同：一种像蔚蓝的天空，另一种像燃烧的火炭。

x 6

马达加斯加的红宝石

在哪里能找到它们？

最美丽的红宝石和蓝宝石产自斯里兰卡、缅甸和泰国。

刚玉先生正在向我们介绍他的双胞胎女儿。

◀ 小知识

刚玉是在富含铝的火成岩或变质岩中形成的，极其细微的化学成分含量差别使其呈现出不同的颜色。红宝石呈红色是由于矿物中存在微量的铬元素，而蓝宝石呈现美丽的蓝色则是由于其中含有少量钛或铁元素。天然的蓝宝石并不是整体都着色的，它会有一些透明的区域。

小故事 ▶

雷米·贝洛（1528—1577）是法国七星诗社的著名诗人，他在去世的前一年，曾出版了一本诗集，里面有一些关于石头的特性及其象征意义的描述。其中关于蓝宝石的诗句是这样的：蔚蓝的宝石/借走了天空的颜色。关于红宝石的诗句则是：在火里/精巧的宝石花容月貌尽失/暗淡无光/而放在水中，便立刻再现美丽光彩/高雅迷人。

你知道吗？

蓝宝石和红宝石能拥有闪耀的光泽，是由于其内部结构中含有主要成分是二氧化钛的金红石丝绢状包裹体。按照一定的几何形状排列的金红石在光的干涉作用下，会在刚玉的表面产生4个、6个或者12个分支的醒目星线，这叫作星光效应。给宝石打磨出光洁的弧面后，就可以展现其极具魅力的星光效应了。

绿柱石

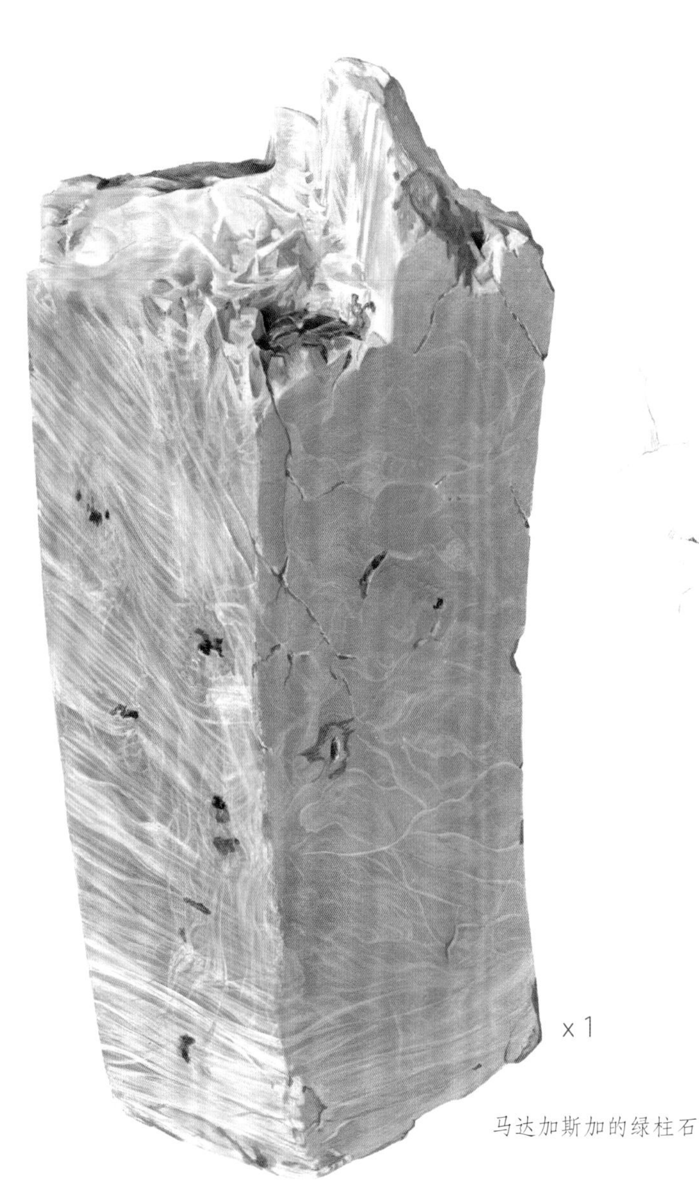

x 1

马达加斯加的绿柱石

x 4

哥伦比亚穆索的祖母绿

绿柱石是一种含铍铝的硅酸盐矿物，最为珍贵的绿柱石是祖母绿和海蓝宝石。绿柱石晶体的长度有时甚至可达数米。

在哪里能找到它们？

绿柱石矿在很多国家都有，比如美国、南非、德国、英国和法国。人们在马达加斯加开采出了很多巨大的绿柱石晶体。世界上55%的祖母绿矿石产自哥伦比亚和巴西。

小知识

常见的绿柱石通常在伟晶岩内形成，伟晶岩是一种在花岗岩周边产生的具有巨大晶体的岩石。巨型晶体矿物也存在于裂缝里面由热水循环产生的热液矿床中。还有一些巨大的晶体是在有水存在的特殊结晶条件下产生的。大型祖母绿矿通常存在于岩洞中的岩壁上。

小故事

古罗马帝国尼禄皇帝喜欢看竞技比赛，他在看比赛时常常使用一个祖母绿做成的放大镜。在过去，人们曾经将祖母绿种植在地里，以为它能像蘑菇一样从土中长出来。传说女人如果背叛了自己的丈夫，她所佩戴的丈夫送她的祖母绿就会变色。法国七星诗社诗人雷米·贝洛曾经写过：祖母绿宝石粉可以治疗被虫蛇咬破的伤口，亦可以治疗所有刺破的小伤口。

你知道吗？

16世纪法国境内战争不断，动荡的社会环境让人们感到非常恐惧。法国七星诗社的著名诗人雷米·贝洛曾经撰写诗文祈求和平：祖母绿啊/我请求您/如果您有威力/请将敌人驱逐出我们的国门/我们的人民已经付出了惨重的代价/无数的同胞在战争中逝去/他们的鲜血沾满了敌人的手臂。

除了祖母绿，常见的绿柱石还有海蓝宝石、金绿柱石和粉红绿柱石 。

半宝石

什么是半宝石？是因为它们的珍贵程度只有宝石的一半？是因为它们不够时尚？还是因为它们美丽却便宜不稀缺呢？除金刚石、红宝石、蓝宝石和祖母绿之外的宝石都属于半宝石。我们举两个常见的半宝石的例子，这两种宝石都是种类众多、外表漂亮，曾在很长一段时间内被人追捧，后来却逐渐被人们忽略了：一种是橄榄石（镁橄榄石的变种）；另一种是石榴石中叫作红玉的深红色宝石，它曾在中世纪时备受推崇。

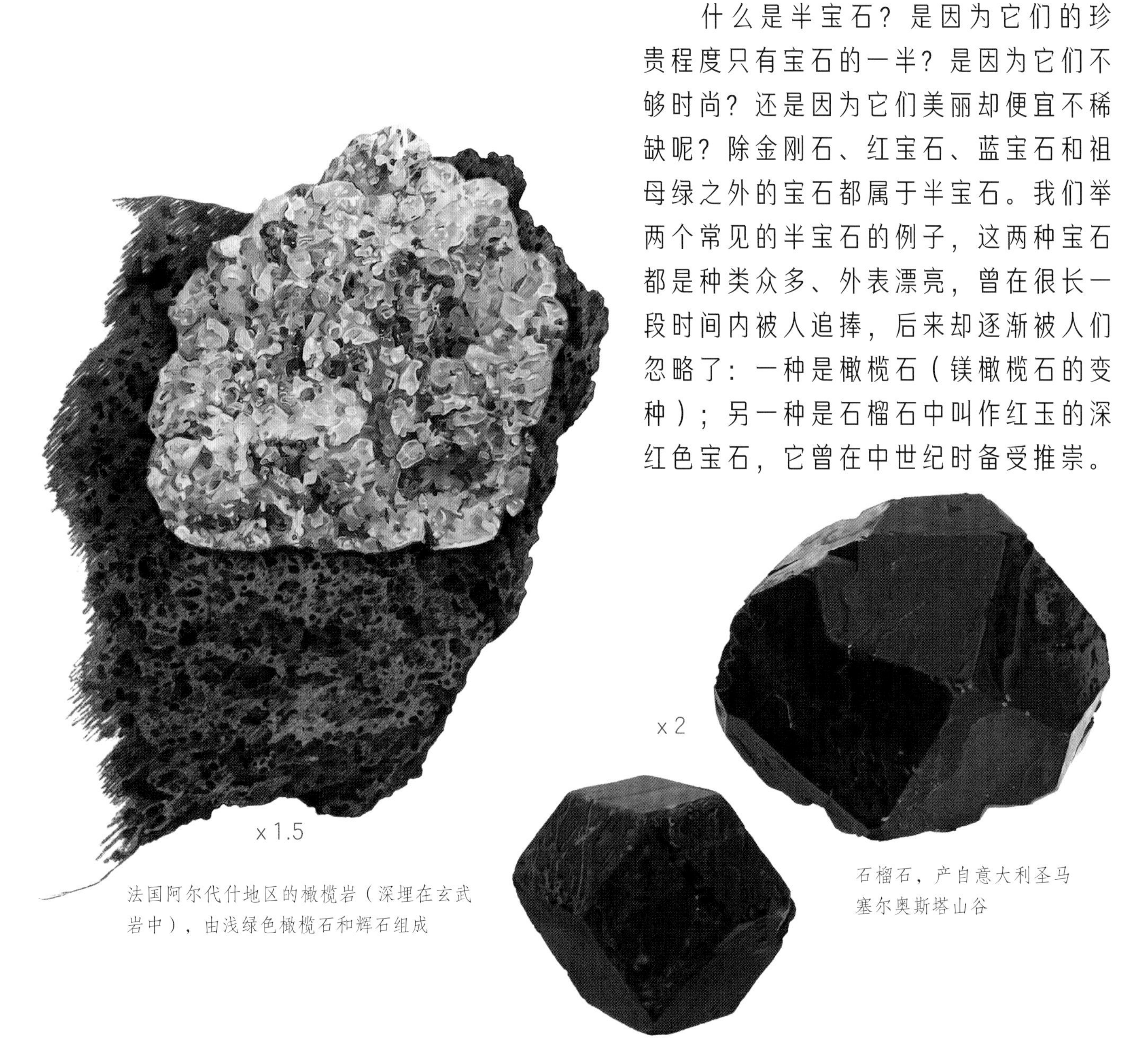

法国阿尔代什地区的橄榄岩（深埋在玄武岩中），由浅绿色橄榄石和辉石组成

石榴石，产自意大利圣马塞尔奥斯塔山谷

在哪里能找到它们?

现在最主要的橄榄石矿在巴基斯坦及美国亚利桑那州的圣卡洛斯阿帕奇保护区。石榴石的主要生产国有斯里兰卡、巴西和马达加斯加等。

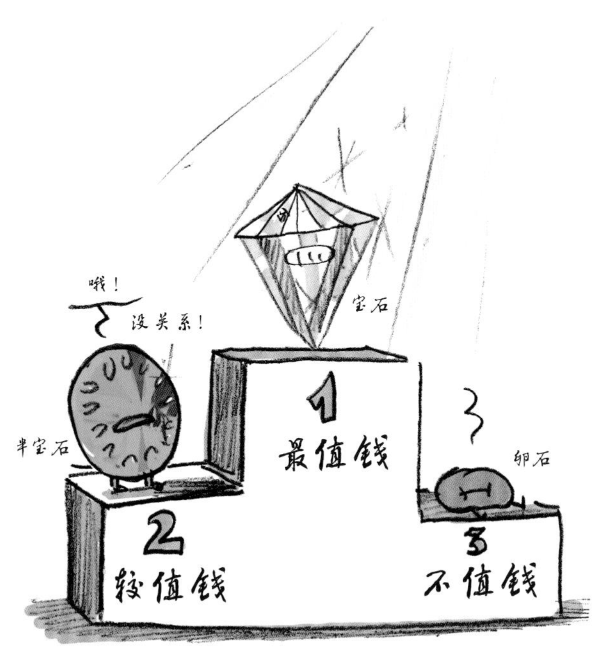

小知识

橄榄石是含铁和镁的硅酸盐矿物，是组成上地幔的主要成分，多见于玄武岩中。橄榄石的橄榄绿色是由它内部的特殊结构和沉积物造成的，而不是因为含有杂质。石榴石也是一种硅酸盐矿物，它因为内部含有多种化学成分，颜色多样，多见于变质岩中。

小故事

石榴石自古以来就是一种大名鼎鼎的矿物。古希腊的哲学家狄奥弗拉斯图（约公元前371—约公元前287）将其命名为“l’anthrax”，意思是“燃烧的煤”。古罗马著名博物学家老普林尼在野外发现它们时，采用的名称是“carbunculus”，意思是“小煤块”。石榴石曾经是中世纪时期的皇后佩戴的宝石。有人说巨龙额头中间之所以长着深红色宝石，是为了在昏暗的洞穴中看得清楚。

你知道吗？

橄榄石与古埃及的历史密不可分，人们发现埃及人的石棺上常镶嵌有橄榄石。古埃及传说中，埃及艳后佩戴过的那块著名的祖母绿从未被人们发现，而根据一些历史学家的说法，它实际上是橄榄石。这种形成于远古年代的石头，主要储藏在红海的埃及扎巴加德岛（曾经叫圣约翰岛）的地层中，这个地区开采橄榄石的历史已经超过3500年。

2

1

个性十足的石头

有些石头可能没有宝石那样珍贵耀眼的光彩，但它们“个性十足”！因为它们可以从其他方面来彰显自己的个性。它们能以最诱人的透明度装饰自己，以最精美的外观炫耀自己，用非凡的几何形状展现自己，甚至有些石头还会变得令人讨厌。

石英和方解石

石英

x 1.5

x 1

方解石

石英和方解石的外表美丽，晶莹剔透，是最容易被发现的矿物晶体。石英的成分是二氧化硅——地壳中含量最丰富的矿物之一。方解石的成分是碳酸钙，碳酸钙是石灰岩的主要成分，因此可以说，方解石也是很普通很常见的。

在哪里能找到它们？

除了石灰岩之外，大多数岩石中都含有石英，但是美丽的长石英晶体仅出现在岩石裂缝或浅表的岩洞中。除常见于石灰岩之外，方解石也常见于大理岩中，它还存在于一种被称为碳酸岩的火山岩中，这种碳酸岩的主产地是德国的凯撒施图尔地区和坦桑尼亚的伦盖火山。

小知识

微量的铁元素可以使水晶变成紫色，人们称之为紫水晶。水晶内的石棉包体使虎眼这一水晶呈现出独特的光纹。而烟熏石英拥有美丽外表是因它含有放射性元素。除石英之外的以二氧化硅成分为主的矿物，比如蛋白石，是二氧化硅的水合物，有时能散发出令人惊奇的色彩；再比如柯石英，是在陨石撞击或核爆炸的超高压条件下变质形成的一种矿物。

小故事

法国科学家勒内·茹斯特·阿羽依（1743—1822）是法国晶体学之父。1781年，他在检查一块意外掉落的方解石时，注意到这块方解石破碎后会形成完全相同的小菱形碎块，碎块再次破碎后会呈现出更小的菱形块。就这样，勒内·茹斯特·阿羽依发现了晶体的基本几何学原理，也就是晶体是由一些形状相同的基本单元——晶胞重复规则排列而成的。

你知道吗?

石英具有独特的“压电效应”，这使其成为现代钟表制造业的主要原材料之一，当对其施加电场时，石英晶体会变形。在钟表中，石英在受到电场的刺激后，会以固定的频率振动，这种特性可以用来校准时间。

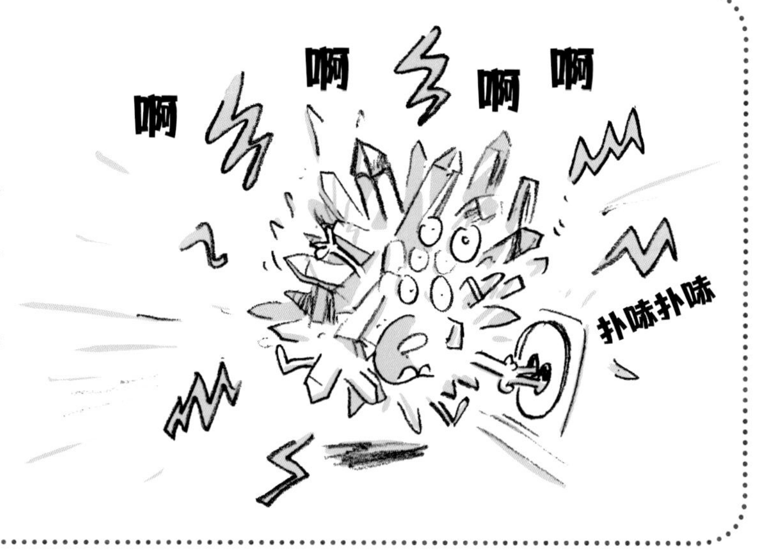

双晶矿物

双晶是两个或两个以上相同的晶体组合在一起的连生体，它们一起形成具有特定几何形状的矿物。比如十字石，这是一种含铝和铁的变质硅酸盐矿物，外形相互交叉呈90°角（法国布列塔尼出产的十字石）或60°角（法国圣安德鲁出产的十字石）。再比如黄铁矿，作为一种硫化物，一般以金色立方晶体组合的形式出现。

x 2.5

法国科雷地区的十字石（29）

x 2.5

黄铁矿

在哪里能找到它们？

在俄罗斯的科拉半岛、马达加斯加、美国和法国布列塔尼的科雷地区，人们已经发现了美丽的呈十字交叉形状的十字石标本。在欧洲，主要的黄铁矿产区在西班牙的力拓河地区和意大利的厄尔巴岛。

小知识

双晶中的晶体结合遵循着精确的几何规律，同时也与矿物晶体本身的结构有关。单晶体可以侧面结合（比如箭头状的石膏）或相互穿插组合成双晶（比如金刚石、十字石或黄铁矿）。最简单的双晶由两个单晶体组成，复杂的双晶则包含两个以上的单晶体。

小故事

关于十字石的传说有很多。据说在法国的布列塔尼，人们认为是上天在这个地区的周围洒下了这些石头，以扑灭莫名燃起的神秘大火，以此表明这片土地是神圣不可侵犯之地。对于切诺基印第安人来说，双晶是一些精灵流下的眼泪。传说印第安波瓦坦部落的公主波卡洪塔斯曾将双晶赠予了她的情人约翰·史密斯，以期它能庇佑主人，保其平安。

你知道吗？

黄铁矿容易在火成岩、沉积岩或地质热液中形成，它是地壳中分布最丰富的硫化物矿物。开采出来的黄铁矿石很少用于提炼铁和硫，主要用于制造硫酸或硫磺。19世纪中叶，在美国加利福尼亚淘金热潮中，具有黄色金属光泽的黄铁矿曾经迷惑了很多新入行的淘金者，他们将黄铁矿误认为是自己梦寐以求的黄金。从那时起，黄铁矿就被人们戏称为愚人金。

石棉和砷黄铁矿

有两类矿物，想要通过为人类提供服务而使自己出名，但这条路走得并不那么顺畅。首先是石棉，它是一种具有高度耐火性的纤维状矿物。其次是砷黄铁矿（或称毒砂），它的主要成分是铁和砷。

x 1

葡萄牙阿连特茹的温石棉

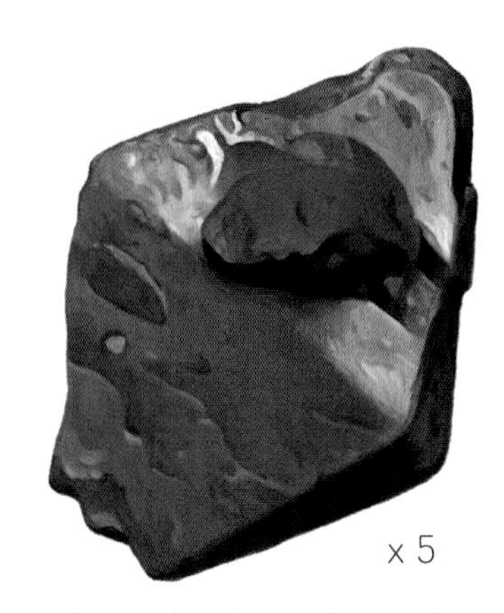
x 5

法国布列塔尼地区马蒂涅费绍的砷黄铁矿

在哪里能找到它们？

世界主要石棉产地有中国、俄罗斯和加拿大。砷黄铁矿与其他金属硫化物类似，主要在高温热液矿脉中形成，主要产地有葡萄牙、科索沃和法国的萨尔西尼矿山。

小知识

地质学专业术语“石棉”指的是可分裂成富有弹性的纤维状硅酸盐矿物的总称。它们是最好的隔热材料，具有耐拉伸、抗大多数化学物质腐蚀的特性。石棉纤维可以加工成石棉布，用来制作防火服。石棉被使用或被损坏后，一些微小的石棉纤维会被释放到空气中。这些纤维可被人们吸入肺中，从而引起肺部疾病。因此，现在在一些工业化国家，石棉或者被禁止使用，或者在严格限制的情况下才能使用。

小故事

工业常用的石棉纤维能够断裂成细小的纤维颗粒，这是它的一个令人讨厌的特性。这些细小的纤维颗粒一旦进入人的肺泡，就会导致严重的疾病。20世纪时许多国家曾经大量使用石棉，但是不能说人们对石棉的危险性一无所知，因为罗马著名的博物学家老普林尼曾经指出过从事石棉纺织的工人容易罹患肺病。

你知道吗？

砷自古以来就被人们用来治疗梅毒、皮肤和血液疾病，还有人用它来灭虫。在一些处理木材的产品中，我们也能找到砷，甚至在玻璃的组成成分中，也能发现砷。砷一旦氧化，就变成了一种无色无味但毒性很强的物质，1941年约瑟夫·凯塞林创作的著名美国戏剧《毒药与老妇》中的情节就涉及砷的毒性。

令人惊叹的石头

令人惊叹的石头具有不同寻常的特征。比起其他的石头来说，它们产生的年代更早，个头更大，来自更远的地方，是在异乎寻常的事件中产生的。它们经常不够引人注目，有时也会为了招人眼目而过分“装饰”自己。它们总是独特的，不会“墨守成规”。

最古老的石头

在地球形成之初，地幔的温度比现在的要高很多。因此，20多亿年前，地球上的火山活动比现在频繁，喷发的岩浆中含有更多镁元素，形成富含橄榄石的科马提岩。法国最古老的岩石是来自阿摩里卡丘陵的片麻岩。

加拿大含橄榄石的鬣刺状科马提岩
年代：距今约27亿年

法国普勒比扬地区钾长石中的片麻岩晶体
年代：距今约20亿年

在哪里能找到它们？

这些石头可以在非洲、加拿大、澳大利亚、格陵兰岛、芬兰与俄罗斯交界处，以及乌克兰等大陆的中心地区和数十亿年都没有变形的稳定板块中找到。在法国阿摩里卡丘陵的东北部，盎格鲁-诺曼底群岛（也称海峡群岛，包含特雷吉耶、科唐坦半岛和根西岛）地区，就有一片小型前寒武纪地块，那里有已经存在了20亿年的片麻岩。

小知识

地球大约形成于45.6亿年前。地球上最古老的矿物是澳大利亚锆石，它的形成时间可以追溯到43.6亿年前。加拿大魁北克的火山沉积岩形成于42.8亿年前。约38亿年前，海洋中开始出现生命（由化学痕迹推测），而陆地上出现生命要等到10亿年前（由微生物化石推测）。西欧最古老的石头是苏格兰西北部的片麻岩（距今约30亿年）。

小故事

英国大主教詹姆斯·厄舍（1581—1656）提议将创世的第一天定为公元前4004年10月23日。英国物理学家开尔文勋爵（1824—1907）通过数学公式来推算地球的年龄，但是他计算出的数值一直在改变，1897年，他计算出的数值为2400万年。直到1896年法国物理学家亨利·贝克勒尔发现了物质的放射性这个大自然的“天然时钟”后，人们这才准确测量出了地球上岩石的年龄。

你知道吗?

地球上有年龄超过40多亿年的岩石，但它们不是地球自身的产物，而是来自地球之外的陨石。这些岩石大多数是小行星的碎块，有些来自月球或火星。曾经被研究过的最古老的石头是2004年在摩洛哥撒哈拉沙漠中发现的陨石，调查显示它形成于45.7亿年前，这正好与太阳系形成的时间一致。

陨石和冲击岩

落到地球上的陨石大多数体积都很小，不易被发现，那是因为它们在通过大气层时大部分都被熔化了。如果它们降落时体积庞大，就有可能导致严重的灾难。冲击岩是一种特殊的变质岩，由被陨石撞击的陆地岩石经变质作用后形成。

x 3

1931年6月27日，从小行星维斯塔坠落在突尼斯境内塔陶因的陨石碎片

0 1.5 cm

法国罗什舒阿尔的冲击岩，多气孔（片麻岩经冲击作用变质形成）
年代：距今约2.01亿年

在哪里能找到它们？

陨石可以掉落在地球上的任何一个地方。它们中的大多数都是在南极被发现的，因为它们在南极的冰上很显眼。有时冰川的移动也会使它们集中到一起。

小知识

1931年6月27日的晚上，一道明亮的光照亮了突尼斯塔陶因的天空，紧接着是一声巨响，这是一颗陨石坠落爆炸的声音。人们在这块陨石坠落地方圆500米的范围内，发现了成千上万块小的陨石碎块，它们的总重量约12千克，其中最大的一块陨石现在保存在巴黎自然历史博物馆。经过研究发现，这颗陨石来自直径约530千米的小行星维斯塔，在维斯塔小行星上也发现了与这些陨石大小差不多的“伤口”。

小故事

在罗什舒阿尔附近，有一座保存完好的古代遗址，是高卢–罗马时期的古温泉浴场。它被埋在几米深的地下，于1958年才被发掘出来。它应该是一个两层的建筑物，墙足有5米高，内部装饰很精美，地面上铺砌着石板，石板下还有引水渠。这座古浴场是用很多的冲击岩（或者叫撞击角砾岩）建造的，你在这里可以发现这些岩石独有的特征。

你知道吗？

法国罗什舒瓦尔地区拥有的冲击岩，是由直径约1500千米的巨型陨石撞击那里三叠纪与侏罗纪时期的岩石后形成的。罗什舒瓦尔的地名“Rochechouar”不禁让人想到了“La roche tombéel（跌落的岩石）”这个词源，但这是不可能的！因为直到1967年人们才知道这个地方有冲击岩。这座城市的名字其实是在中世纪时产生的，这个名字是由岩石的词根“Roca”与当地领主的名字“Cavardus”结合而成的。不管怎么说，这都是一个有趣的巧合！

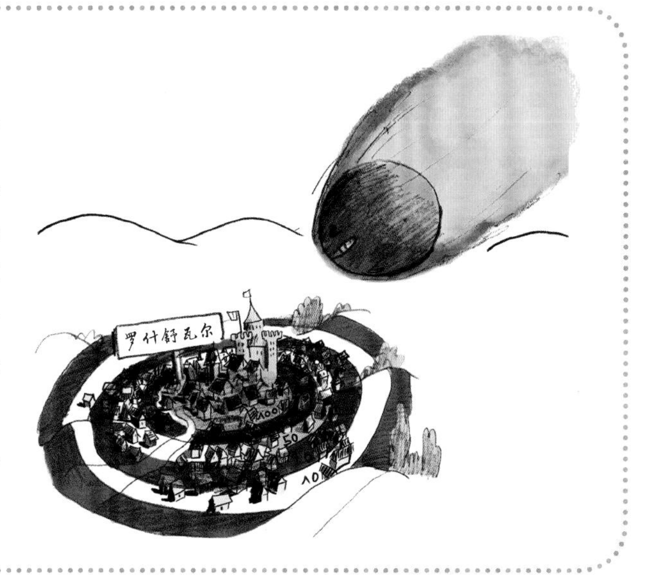

巨型晶体

我们已经看到了很多美丽的矿物晶体，比如绿柱石，这里还有因体积巨大而闻名的美丽绿色钾长石——天河石。但是，迄今为止发现的最大矿物晶体，是出自墨西哥奈卡晶洞的石膏晶体，有11米多，重约30吨。

马达加斯加重3.3千克的天河石

墨西哥奈卡晶洞

在哪里能找到它们？

巴西和马达加斯加是巨型晶体的天堂，俄罗斯的乌拉尔地区也以出产绿柱石、石英等晶体而闻名。奈卡晶洞位于墨西哥的奇瓦瓦州。

小知识

大型晶体多是在地下有高温液体流动的岩洞中形成的，这种地方叫作晶洞。晶体从岩石空腔壁向中心结晶生长，在不受限制的成长空间中缓慢冷却的结晶过程可以让晶体形成纯正的几何形状，会让这些晶体体积巨大。

小故事

紫水晶是一种半宝石紫色水晶，常见于晶洞（又称晶球）。紫水晶在希腊语中表示“不醉”。据说紫水晶最初是酒神巴克斯将紫色的眼泪洒落在水晶雕像上形成的，而这个水晶雕像则是一个普通的年轻女孩变成的。世界紫水晶之都是巴西的南阿梅蒂斯塔市，那里教堂的墙壁上都装饰着大块的紫水晶。

你知道吗？

墨西哥的奈卡晶洞是于2000年被无意间发现的，它在地下200多米处，是矿工们在银矿施工中发现的。晶洞里的温度稳定在50℃左右，湿度超过90%。没有辅助降温降湿的设备，人在那里撑不过10分钟。初期晶洞内充满温度很高的水，后来人们将这些水抽出，发现晶洞中最大的石膏晶体长度约为11.4米，直径约1.2米。